Duden

Einfach klasse in Mathematik

Textaufgaben

Wissen • Üben • Können

3. Klasse

Dudenverlag
Mannheim • Zürich

**Bibliografische Information
der Deutschen Nationalbibliothek**
Die Deutsche Nationalbibliothek verzeichnet diese Publikation in der Deutschen Nationalbibliografie; detaillierte bibliografische Daten sind im Internet über http://dnb.d-nb.de abrufbar.
Das Wort Duden ist für den Verlag Bibliographisches Institut GmbH als Marke geschützt.

Bibliographisches Institut GmbH
Dudenstraße 6, 68167 Mannheim
Sonderausgabe 2013 für die
WKV Direktvertriebsservice GmbH

Redaktionelle Leitung: Annette Güthner
Redaktion: Barbara Holzwarth
Autorinnen: Ute Müller-Wolfangel und Beate Schreiber

Herstellung: Claudia Rönsch, Verona Meiling
Layout: Petra Bachmann, Weinheim
Illustration: Barbara Scholz und Dirk Hennig
Umschlaggestaltung: WohlgemuthPartners, Bremen

Satz: tiff.any GmbH, Berlin
Druck und Bindung: Heenemann GmbH & Co. KG
Bessemerstraße 83–91
12103 Berlin

Printed in Germany
ISBN 978-3-411-74185-4

Jetzt gehts los!

In diesem Heft findest du alle wichtigen Inhalte zum Thema „Textaufgaben" in der 3. Klasse. Es ist in sechs große Kapitel aufgeteilt. Du erkennst sie an den kleinen Bildern in der Kopfzeile:

 **Textaufgaben ohne Größen**

 **Textaufgaben mit Geld**

 **Textaufgaben mit Längen**

 **Textaufgaben mit Gewichten**

 **Textaufgaben mit Zeitangaben**

 **Textaufgaben mit verschiedenen Maßeinheiten**

Die Kinder auf diesen kleinen Bildern begleiten dich durch den ganzen Band. Sie zeigen dir, dass es beim Lernen nicht viel anders zugeht als im Sport. Wer eine Sportart richtig gut beherrschen will, muss die wichtigsten Techniken und Spielregeln kennen und dann viel üben und trainieren. Schnell wirst du merken, dass du Fortschritte machst und dir immer mehr gelingt.

Wissen
Üben
Können

Überprüfe deine Ergebnisse mit dem **Lösungsteil** hinten im Heft. Mithilfe des **Abschlusstests** kannst du feststellen, ob du das Thema „Textaufgaben" schon gut beherrschst oder ob du manche Übungen noch einmal wiederholen solltest. Die wichtigsten **Fachbegriffe** findest du auf der letzten Seite des Heftes.

Inhaltsverzeichnis

Textaufgaben ohne Größen

Textaufgaben mit Geld

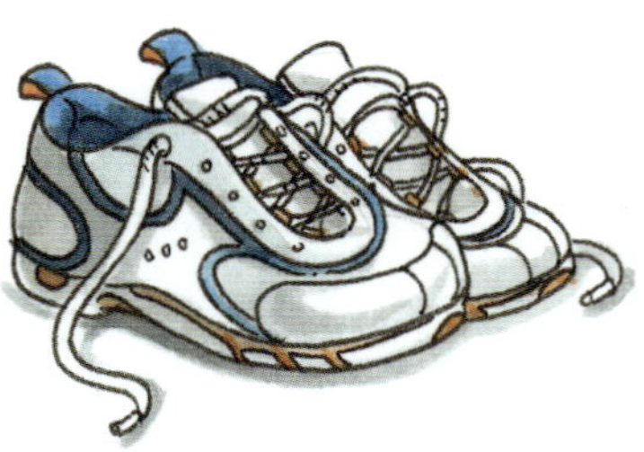

Textaufgaben mit Längen

Inhaltsverzeichnis

Textaufgaben mit Gewichten

Textaufgaben mit Zeitangaben

Textaufgaben mit verschiedenen Maßeinheiten

Wichtige Angaben finden

Wissen und Verstehen

Eine Textaufgabe musst du zuerst ganz genau lesen. Denke anschließend über die Frage nach. Suche dann alle **Angaben**, die du brauchst, um die Aufgabe zu lösen. Es hilft dir, wenn du diese Angaben unterstreichst.

An der Konrad-Duden-Grundschule werden acht Klassen mit 208 Schülern von 17 Lehrern unterrichtet. In den 1. und 2. Klassen sind 91 Schüler. In den 4. Klassen sind 49 Schüler. Wie viele Schüler sind in den beiden 3. Klassen?

Üben 1

Eine wichtige Angabe ist nicht unterstrichen. Finde und unterstreiche sie.

Alle Eltern der beiden 3. Klassen bekommen eine Einladung zum Schulfest. In der 3a sind 8 Jungen und 13 Mädchen. In der 3b ist es genau umgekehrt. Wie viele Einladungen wurden verschickt?

Üben 2

Eine Angabe, die du nicht zur Beantwortung der Frage brauchst, ist unterstrichen. Finde sie und kreise sie ein.

In einem Tennisklub gibt es insgesamt 336 Mitglieder. Es sind 246 Erwachsene. Davon sind 138 Männer und 108 Frauen. Wie viele Jugendliche und Kinder sind Mitglieder?

Üben 3

Unterstreiche alle wichtigen Angaben.

Im neuen Schuljahr besuchen 217 Schüler die Astrid-Lindgren-Schule.
In den Klassen 2, 3 und 4 sind insgesamt 163 Schüler.
Wie viele Erstklässler wurden eingeschult?

Wissen und Verstehen

Es gibt Textaufgaben, die du nicht lösen kannst, weil wichtige Angaben fehlen. Wenn du die fehlenden Angaben mithilfe eines Lexikons, des Internets oder durch eigenes Wissen ergänzen kannst, dann sind die Aufgaben lösbar. Kannst du das nicht, werden sie **Kapitänsaufgaben** genannt.

Auf einem Schiff sind 248 Passagiere. Davon sind 152 Kinder.
Wie alt ist der Kapitän?

Üben

Entscheide, ob die Aufgaben lösbar oder nicht lösbar sind. Kreuze an.

8 Ruderboote nehmen an einer deutschen Meisterschaft teil.
In jedem Boot sitzen 8 Ruderer und 1 Steuermann.
Wie viele Goldmedaillen werden an das Siegerboot verteilt?

☐ lösbar ☐ nicht lösbar

Für die 84 Schüler der 3. Klassen werden 6 verschiedene Projekte angeboten. Die Schüler dürfen sich die Projekte selbst aussuchen. Wie viele Schüler sind in jedem Projekt?

☐ lösbar ☐ nicht lösbar

Im Labor gibt es 6 Gruppentische mit je 4 Schülerplätzen.
Wie viele Lehrer helfen beim Experimentieren?

☐ lösbar ☐ nicht lösbar

Max hat schon 182 Fußballbilder. Sein kleiner Bruder Nic hat erst 78. Wie alt ist Nic?

☐ lösbar ☐ nicht lösbar

Fragen finden

Wissen und Verstehen

Es gibt Textaufgaben, bei denen keine **Frage** formuliert ist. Dann musst du dir selbst eine Frage überlegen, die zu den Angaben passt.

In die Konrad-Duden-Grundschule gehen 112 Mädchen. Insgesamt sind es 208 Schüler.
Frage: Wie viele Jungen sind an der Schule?

Üben 1 Unterstreiche und schreibe eine passende Frage auf.

In die Astrid-Lindgren-Schule werden 54 Erstklässler eingeschult. Zur Einschulungsfeier sind in der Aula schon 118 Stühle aufgestellt. 75 Stühle sollen noch aufgestellt werden.

Frage: ....

Üben 2 Unterstreiche und schreibe eine passende Frage auf.

Die Sparkasse stiftet für jeden der 54 Erstklässler eine Trinkflasche.
Immer 6 Trinkflaschen sind in einem Paket.

Frage: ....

Üben 3 Unterstreiche und schreibe eine passende Frage auf.

Der Förderverein kauft für die Schulbücherei neue Bücher: 25 Sachbücher, 8 Lexika, 15 Lesedetektivgeschichten und 23 Abenteuerbücher. In der Bücherei standen schon 148 Bücher.

Frage: ....

Wissen und Verstehen

Eine Textaufgabe kannst du manchmal besser verstehen, wenn du eine passende **Zeichnung** dazu anfertigst.

Wenn man von einer Zahl 25 subtrahiert und dann das Ergebnis mit 4 multipliziert, erhält man 220. Wie heißt die Zahl?

[?] ⇄ (− 25 / + 25) [55] ⇄ (· 4 / : 4) [220]

Die Zahl heißt **80**.

Üben 1

Mache eine Zeichnung und löse die Aufgabe.

Ich denke mir eine Zahl. Wenn ich sie durch 100 dividiere und dazu 45 addiere, erhalte ich 55. Wie heißt meine Zahl?

Zeichnung:

Antwort: ....

Üben 2

Mache eine Zeichnung und löse die Aufgabe.

An der Schwimmbadkasse stehen Finn und seine Klassenkameraden. Finn ist der Fünfte in der Reihe. Sein Freund Luis steht 8 Plätze hinter ihm. Sabrina ist die Letzte. Zwischen Sabrina und Luis sind noch 8 Klassenkameraden. Wie viele Kinder stehen an der Kasse?

Zeichnung:

Antwort: ....

Rechenwege aufschreiben und ausrechnen

Wissen und Verstehen

Wenn du die Frage zu einer Textaufgabe genau beantworten willst, musst du zuerst einen passenden **Rechenweg** finden und die dazugehörige Aufgabe ausrechnen.

In die Konrad-Duden-Grundschule gehen 112 Mädchen. Insgesamt sind es 208 Schüler.

Frage: Wie viele Jungen sind an der Schule?

Rechnung:

$$\begin{array}{r} 208 \\ -\,112 \\ {\scriptstyle 1} \\ \hline 96 \end{array}$$

Antwort: Es sind 96 Jungen an der Schule.

Üben

1 Schreibe einen passenden Rechenweg auf und rechne.

Am Leichtathletik-Sportfest in Mannheim nehmen 8 Schulen teil. Jede Schule kommt mit 30 Schülern. Wie viele Schüler nehmen am Sportfest teil?

Rechnung:

Antwort: Es nehmen .... Schüler am Sportfest teil.

Rechenwege aufschreiben und ausrechnen

Üben 2 Schreibe den Rechenweg auf und rechne.

Freitagnachmittags finden an einer Grundschule freiwillige Arbeitsgemeinschaften statt. Von den 164 Schülern nutzen 78 die Sportangebote. 32 Schüler besuchen den Chor. 25 Schüler nehmen an keiner Arbeitsgemeinschaft teil und gehen nach Hause. Alle anderen spielen Theater. Wie viele Schüler spielen Theater?

Rechnung:

Antwort: ....

Üben 3 Schreibe den Rechenweg auf und rechne.

Bei der Aktion „Jeden Tag einen Apfel“ bekommt eine Schule 6 Kisten mit je 60 Äpfeln. An der Schule sind 318 Schüler, 18 Lehrer, eine Sekretärin und ein Hausmeister. Jeder bekommt einen Apfel. Wie viele Äpfel bleiben übrig?

Rechnung:

Antwort: ....

Wissen und Verstehen

Überlege, ob dir eine **Überschlagsrechnung** helfen kann, deine Lösungen zu überprüfen. Auch eine **Umkehraufgabe** kann dir beim Überprüfen helfen. Kontrolliere außerdem, ob die Antwort genau zur Frage passt.

Bei einer Tombola werden alle 500 Lose verkauft. Es gibt 283 Nieten und 149 Trostpreise.

Frage: Wie viele andere Preise gibt es?

Rechnung: 283 + 149 = 432
500 – 432 = 68

Umkehraufgaben: 432 – 149 = 283
68 + 432 = 500

Überschlag: 280 + 150 = 430
500 – 430 = 70

Antwort: Es gibt 68 andere Preise.

Üben

Überprüfe mit dem Überschlag, ob die Rechnung richtig oder falsch ist. Rechne selbst genau nach und ergänze die Antwort.

Jeder Schüler der 3. Klasse wird fotografiert und bekommt eine Fotomappe mit folgendem Inhalt: 1 großes Einzelfoto, 1 Klassenfoto, 4 Passbilder, 1 Schlüsselanhänger mit Foto. In der Klasse sind 29 Kinder. Wie viele Fotos werden insgesamt gedruckt?

Rechnung:

·	20	9	
7	70	63	
			133

Überschlag: ....

·			

Antwort: Insgesamt werden .... Fotos gedruckt.

Können Bist du fit?

Lies den Text und löse die Aufgaben.

Im Marionettentheater „Wackelbein“ haben die 15 Reihen unterschiedlich viele Plätze.
Die ersten 5 Reihen haben je 18 Plätze. In Reihe 9 bis 15 sind jeweils nur noch 9 Plätze.
Das Theater hat insgesamt 195 Plätze.

1 Unterstreiche nur die Frage, die du beantworten kannst.

Wie viele Plätze sind in den ersten 5 Reihen frei?
Wie viele Plätze gibt es insgesamt in den Reihen 6 bis 8?
Wie viele Plätze sind im Theater noch frei?
Was kostet der Eintritt?

2 Kreuze den Plan an, der zum Theater „Wackelbein“ passt.

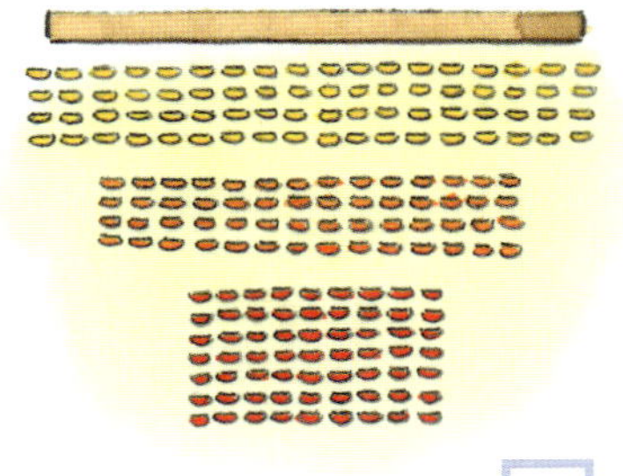 ☐

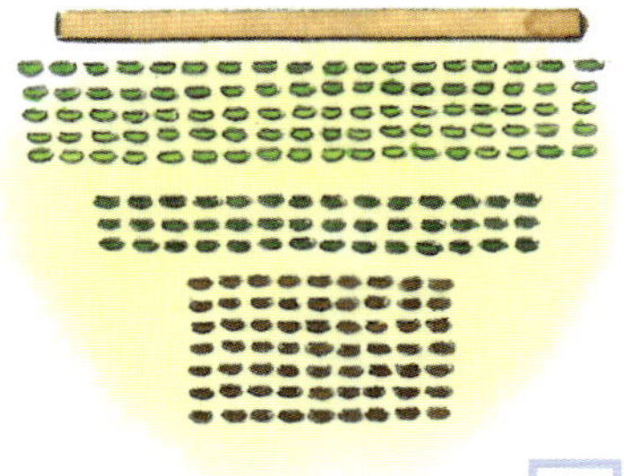 ☐

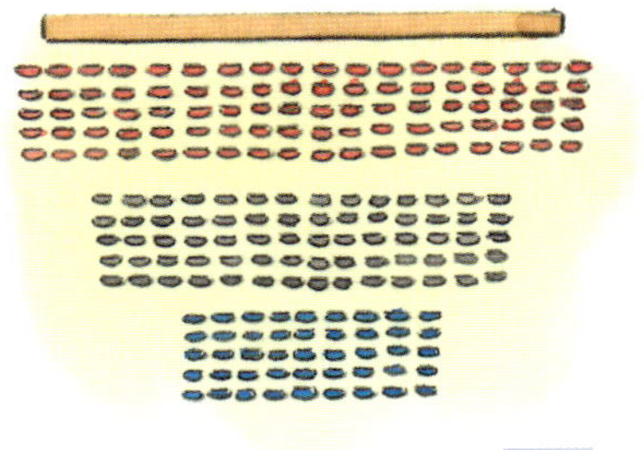 ☐

3 Mit welchem Rechenweg kannst du die Frage „Wie viele Plätze gibt es insgesamt in den Reihen 6 bis 8?“ beantworten? Kreuze an.

☐

$5 \cdot 18 = 90$ (darunter: $5 \cdot 10 = 50$, $5 \cdot 8 = 40$)

$7 \cdot 9 = 63$

$90 + 63 = 153$

$195 - 153 = 42$

☐

$5 \cdot 18 = 90$ (darunter: $5 \cdot 10 = 50$, $5 \cdot 8 = 40$)

$7 \cdot 9 = 63$

$90 + 63 = 153$

$195 - 153 = 42$

$42 : 3 = 14$

4 Schreibe einen passenden Antwortsatz auf.

Antwort: ....

Geldbeträge bestimmen

Wissen und Verstehen

Geldbeträge kannst du unterschiedlich notieren. Meistens werden sie mit Komma aufgeschrieben. Das Komma trennt **Euro** und **Cent**.

6 Euro	6 EUR	6 € oder 6,00 €
89 Cent	89 ct	0,89 €
5 Euro 75 Cent	5 € 75 ct	5,75 €

Üben 1

Hatice und ihre Geschwister wollen wissen, wer am meisten Geld gespart hat. Hatice sagt: „Ich habe 903 Cent in meiner Spardose.“ Ihr Bruder hat 90 Euro und 3 Cent, und ihre große Schwester hat 9,30 €. Hatices kleine Schwester hat 93 ct. Wer hat am meisten gespart?

Rechnung:

Antwort: ....

Üben 2

Die Mathematiklehrerin der Klasse 3c hat Rechengeld an die Tafel geheftet.

Rechne und notiere den Geldbetrag in unterschiedlicher Schreibweise:

.... Euro .... Cent

.... EUR .... ct .... €

Denke auch in diesem Kapitel an die einzelnen Schritte zum Lösen von Textaufgaben.
➔ siehe Seite 6 bis 12

Wissen und Verstehen

Geldbeträge kannst du **addieren** und **subtrahieren**. Bevor du rechnest, musst du überprüfen, ob die Geldbeträge in der gleichen Maßeinheit stehen. Manchmal musst du einen Betrag in eine andere Einheit umwandeln: von Euro in Cent, von Cent in Euro, oder den Betrag in **Kommaschreibweise** aufschreiben.
Geldbeträge mit Kommazahl musst du beim schriftlichen Addieren und Subtrahieren stellengerecht untereinanderschreiben. Die Kommas müssen untereinanderstehen.

48,12 € + 21,32 € = **?**

$$\begin{array}{r} 48{,}12\text{ €} \\ +\ 21{,}32\text{ €} \\ \hline \mathbf{69{,}44\text{ €}} \end{array}$$

549,64 € – 415,41 € = **?**

$$\begin{array}{r} 549{,}64\text{ €} \\ -\ 415{,}41\text{ €} \\ \hline \mathbf{134{,}23\text{ €}} \end{array}$$

Üben

1 Kim geht mit ihrem Vater und ihrem kleinen Bruder einkaufen. Der Vater nimmt 600 € mit. Wie viel Geld hat er nach dem Einkauf noch?

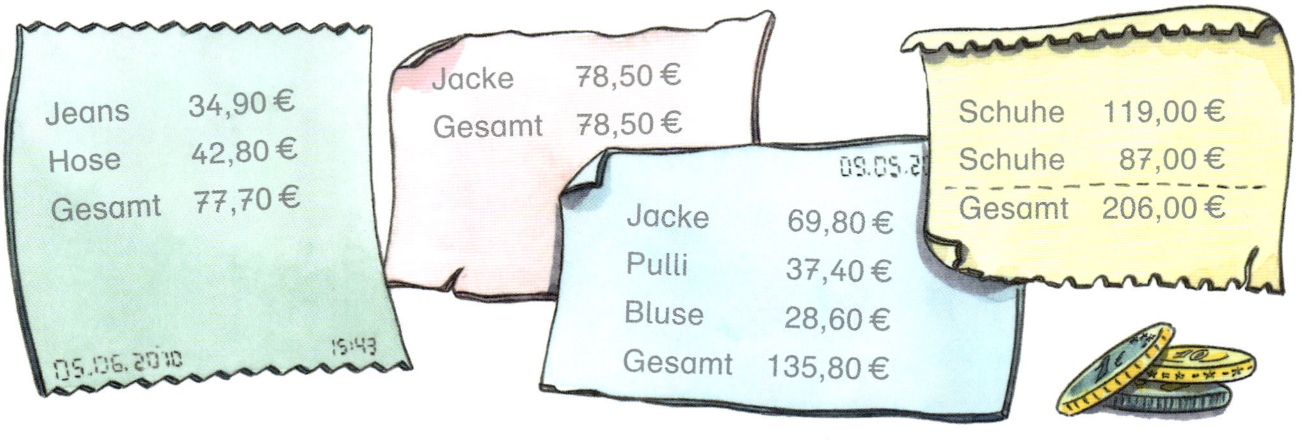

Rechnung:

Antwort: ....

Geldbeträge addieren und subtrahieren

Üben 2 Am nächsten Tag bekommt Kim noch einen MP3-Player für 41,90 € und einen Gutschein über 15 € zum Musikrunterladen. Leon sucht sich ein Paar Torwarthandschuhe und Schienbeinschoner aus. Der Vater zahlt insgesamt 96,80 €. Wie viel Geld hat der Vater an diesem Tag für Leon ausgegeben?

Rechnung:

Antwort: ....

Üben 3 Welche Torwarthandschuhe und welche Schienbeinschützer hat sich Leon ausgesucht?

Rechnung:

Antwort: ....

....

Geldbeträge addieren und subtrahieren

Üben 4 Die Familie Sterngucker besucht am Sonntag das Planetarium. Es gehen mit: die Eltern, die Großmutter, Finn, Donata und Benjamin. Finn und Donata sind in der 3. Klasse. Benjamin ist noch im Kindergarten. Die Großmutter ist Rentnerin. Wie teuer ist der Eintritt?

Eintrittspreise	
Erwachsene	5,50 €
Ermäßigt (Rentner, Schwerbehinderte, Studenten)	4,50 €
Kinder bis 12 Jahre	3,00 €
Kinder bis 6 Jahre	frei

Rechnung:

Antwort: ....

Üben 5 Nach dem Planetarium geht Familie Sterngucker noch zum Essen. Alle essen ein Tagesgericht. Der Vater isst Fleisch, die Mutter und die Großmutter essen Fisch, und alle Kinder bestellen den Kinderteller. Wie viel muss die Familie bezahlen?

Tagesgerichte (inklusive 1 Getränk)	
Spaghetti Carbonara	7,90 €
Zanderfilet	9,50 €
Jägerschnitzel	8,90 €
Kinderteller Max und Moritz	4,50 €

Rechnung:

Antwort: ....

Geldbeträge multiplizieren

Wissen und Verstehen

Geldbeträge kannst du **multiplizieren**. Beim halbschriftlichen Multiplizieren von Beträgen in **Kommaschreibweise** multiplizierst du die Euro- und Centbeträge getrennt.

8	· 5,09 €	= **?**
8	· 5 €	= 40 €
8	· 9 ct	= 72 ct
40 € + 72 ct		= **40,72 €**

Üben 1

Die 9 Kinder der Gruppe „Sportgymnastik" brauchen neue Bänder. Jedes Band kostet 16,90 €. Wie viel kosten sie insgesamt?

Rechnung:

Antwort: ....

Üben 2

Lennart bekommt 6 neue Regale für sein Kinderzimmer. Seine Eltern wollen so günstig wie möglich kaufen. Wie viel kosten die Regale?

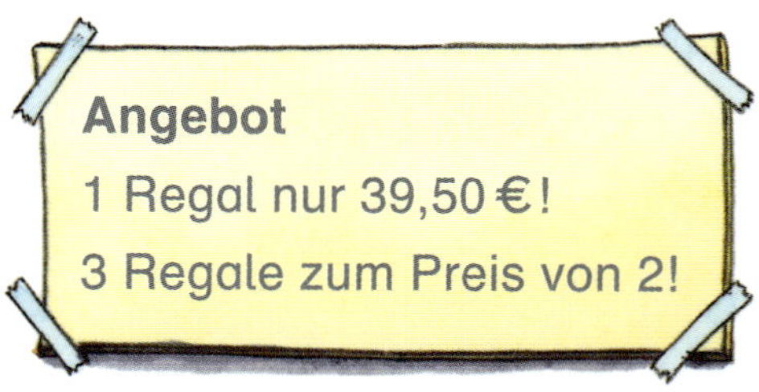

Rechnung:

Antwort: ....

Geldbeträge multiplizieren

Üben 3 Der Förderverein der Talschule kauft T-Shirts für die neuen Erstklässler. Ein T-Shirt kostet 11,50 €. Fünf in einem Pack kosten 50 €. Es werden 47 Erstklässler eingeschult. Wie viel muss der Förderverein bezahlen, wenn er so günstig wie möglich einkauft?

Rechnung:

Antwort: ....

Üben 4 Nic und seine Mutter kaufen für ihre Hündin Chocolate Hundefutter. Eine Dose kostet 1,29 €. Sie kaufen einen Karton mit 20 Dosen. Die Mutter hat nur 30 € dabei. Reicht das Geld, oder muss die Mutter mit Karte zahlen?

Rechnung:

Antwort: ....

Üben 5 Mia braucht neue Kleidung. Mit ihrer Mutter kauft sie 2 Blusen zu je 27,90 €, eine Jeans zu 45,20 € und ein Paar Schuhe. Wie viel kosten die Schuhe?

Rechnung:

Antwort: ....

Geldbeträge dividieren

Wissen und Verstehen

Geldbeträge kannst du **dividieren**. Beim halbschriftlichen Dividieren von Geldbeträgen in **Kommaschreibweise** wird es manchmal einfacher, wenn du zuerst den Geldbetrag in Cent umwandelst.

3,57 € : 7 = **?**

357 ct : 7 = **?**

350 ct : 7 = 50 ct
7 ct : 7 = 1 ct

50 ct + 1 ct = **51 ct**

Üben 1

Ein 8er-Pack Trinkjoghurt kostet 2,96 €. Wie viel kostet ein Trinkjoghurt?

Rechnung:

Antwort: ....

Üben 2

In der Klasse 3e sind 23 Schüler. Die Klasse plant einen Besuch der Kunsthalle mit 2 Lehrerinnen. Sie müssen mit der Straßenbahn dorthin fahren. Das 24-Stunden-Ticket für 5 Personen kostet 9,50 €. Wie viel Geld muss pro Person eingesammelt werden?

Rechnung:

Antwort: ....

Geldbeträge dividieren

Üben 3 Die Klasse 3a bepflanzt im Schulgarten ihr Klassenbeet mit Erdbeerpflanzen. Die Pflanzen werden im 6er-Pack angeboten. Auf einer Palette sind vier 6er-Packs. Die Schüler kaufen eine Palette für 16,56 €. Wie viel kostet eine Erdbeerpflanze?

Rechnung:

Antwort: ....

Üben 4 Frau Tusche kauft für ihre 4 Kinder neue Wasserfarbkästen. Sie bezahlt mit einem 100-€-Schein. Wie viel kostet ein Wasserfarbkasten?

Rechnung:

Antwort: ....

Üben 5 Eine Lehrerin bestellt für 24 Schüler Soma-Würfel-Bastelsets im Sonderangebot. Ein Bastelset für einen Würfel kostet normalerweise 3,50 €. Wie viel Geld spart jedes Kind beim Sonderangebot?

Rechnung:

Antwort: ....

Geldbeträge berechnen

Wissen und Verstehen

Oft musst du bei einer Textaufgabe mit Geldbeträgen verschiedene Rechenarten anwenden. Du musst dir daher immer genau überlegen, mit welchen **Rechenschritten** du den gesuchten Geldbetrag berechnen kannst. Denke auch daran, dass du bei jedem Geldbetrag die Maßeinheit (€ oder ct) dazuschreibst.

Olaf kauft 3 Hefte. Jedes Heft kostet 0,79 €. Er bezahlt mit einem 10-€-Schein.
Wie viel Geld bekommt er zurück?

Rechnung:	0,79 € · 3 = 2,37 €	10,00 €
	70 ct · 3 = 210 ct	– 2,37 €
	9 ct · 3 = 27 ct	1 1 1
	210 ct + 27 ct = 237 ct = **2,37 €**	7,63 €
Antwort:	Er bekommt 7,63 € zurück.	

Üben

Mona kauft für ihre neuen Schulbücher 5 Umschläge. 3 Umschläge kosten je 1,25 € und 2 Umschläge kosten je 1,45 €. Sie bezahlt mit einem 20-€-Schein.

Frage: ....

Rechnung:

Antwort: ....

Können Bist du fit?

Lies den Text und löse die Aufgaben.

Kira feiert ihren Geburtstag im Kletterzentrum. Sie hat 8 Kinder eingeladen. Der Eintritt kostet pro Kind 8,50 €. Nach dem Klettern werden 3 Kinder von ihren Eltern abgeholt. Alle anderen essen noch ein Kindermenü für 4,80 €. Danach werden noch einmal 3 Kinder abgeholt. Die anderen fahren mit zu Kira.

1 Unterstreiche nur die Frage, die du beantworten kannst.

Wie bezahlt Kiras Mutter die Geburtstagsfeier?

Wie alt ist Kira geworden?

Wie viel Geld muss Kiras Mutter für alle Kinder bezahlen?

Wie viel Geld bekommt Kiras Mutter zurück?

2 Unterstreiche oben im Text alle wichtigen Angaben, die du brauchst, um die Frage beantworten zu können.

3 Kreuze die richtigen Rechenschritte an.

- ☐ 4,80 € · 8
- ☐ 4,80 € : 9
- ☐ 4,80 € · 6
- ☐ 8,50 € · 9
- ☐ 8,50 € · 8
- ☐ 8,50 € · 5

4 Rechne die Aufgabe genau aus. Überprüfe dann dein Ergebnis mit dem Überschlag oder mit Umkehraufgaben und schreibe eine Antwort auf.

Antwort: ....

Längenangaben vergleichen

Wissen und Verstehen

Längenangaben kannst du in unterschiedlichen Einheiten angeben.

1 km = 1 000 m

1 m = 100 cm

1 cm = 10 mm

Du kannst Längenangaben auch in Kommaschreibweise notieren. Das Komma trennt Meter und Zentimeter.

387 cm = 3 m 87 cm = 3,87 m

Üben 1

Julia, Viola, Semra und Ugur trainieren für den Weitsprung bei den Bundesjugendspielen. Julia springt 2,87 m, Viola 278 cm, Semra 2 m 95 cm und Ugur 2,59 m. Ordne die Weitsprungergebnisse.

.... < .... < .... < ....

Üben 2

Bei Kinderkleidung richtet sich die Größe nach der Körpergröße. Die Kleidergröße 128 passt Kindern mit 1,28 m Größe. Bestimme die Kleidergröße der Kinder.

Susi: 1,32 m   Anja: 147 cm   Justin: 1 m 18 cm   Felix: 1,56 m

Größe	116	128	134	140	146	152	158	164
Name								

Deine Kleidergröße: ....

Denke auch in diesem Kapitel an die einzelnen Schritte zum Lösen von Textaufgaben.
➲ siehe Seite 6 bis 12

Längenangaben addieren und subtrahieren

Wissen und Verstehen

Längenangaben kannst du **addieren** und **subtrahieren**. Bevor du rechnest, musst du überprüfen, ob sie in den gleichen Maßeinheiten stehen. Manchmal musst du zuerst eine Angabe in die andere Einheit umwandeln oder mit Komma aufschreiben. Beim schriftlichen Addieren und Subtrahieren musst du die Längenangaben stellengerecht untereinanderschreiben. Achte bei Längenangaben mit **Kommaschreibweise** darauf, dass alle Kommas untereinanderstehen.

6 m 32 cm + 3,61 m = **?**

$$\begin{array}{r} 6{,}32\,\text{m} \\ +\,3{,}61\,\text{m} \\ \hline \mathbf{9{,}93\,m} \end{array}$$

9,78 m – 324 cm = **?**

$$\begin{array}{r} 9{,}78\,\text{m} \\ -\,3{,}24\,\text{m} \\ \hline \mathbf{6{,}54\,m} \end{array}$$

Üben 1

Familie Nordmann kauft eine Tanne von 1,94 m Höhe. Die Christbaumspitze ist 37 cm lang. Wie hoch ist der Baum mit Spitze, wenn er 5 cm in die Christbaumspitze geschoben wird?

Rechnung:

Antwort: ....

Üben 2

Um wie viele Zentimeter muss der Weihnachtsbaum mindestens gekürzt werden, damit er nur 2 m 20 cm misst?

Rechnung:

Antwort: ....

Längenangaben addieren und subtrahieren

Üben 3 Nina testet ihre neuen Heelys und wettet mit ihrer Schwester, dass sie mindestens 1 km schafft, ohne hinzufallen. Sie läuft ohne Sturz zu einem Freund in der Nachbarschaft und wieder zurück. Die einfache Wegstrecke beträgt 437 m. Aber die Schwester sagt: „Du hast die Wette noch nicht gewonnen." Wie viele Meter fehlen Nina noch, um die Wette zu gewinnen?

Rechnung:

Antwort: ....

Üben 4 Nach dem Tennismatch muss Tommy den Platz alleine abziehen und alle Linien kehren. Wie viele Meter Linie muss Tommy kehren?

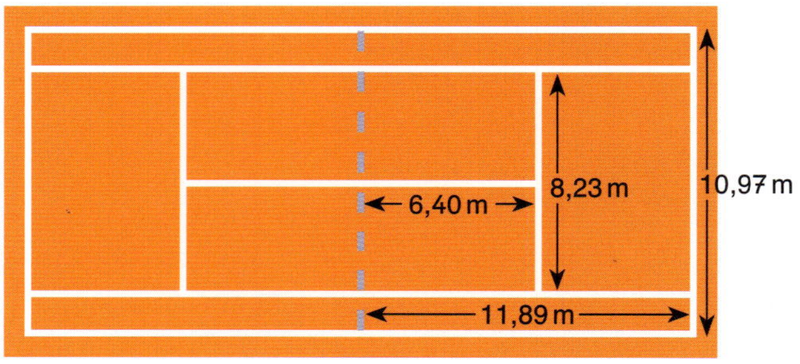

Rechnung:

Antwort: ....

Längenangaben addieren und subtrahieren

Üben 5 Klara packt für ihre Freundin ein Geburtstagsgeschenk ein. Sie möchte das grüne Geschenkband so um das Päckchen binden:

Klara hat von dem Geschenkband aber nur noch 85 cm.
Reicht das Band, wenn das Päckchen 24 cm lang und 13 cm breit ist?

Rechnung:

Antwort: ....

Üben 6 Familie Benz will sich ein größeres Auto kaufen. Die Garage ist 5 m 20 cm lang. 65 cm davon gehen für eine Werkbank ab. Zwischen Werkbank und Auto sollen noch 15 cm Abstand sein. Wie lang darf das Auto höchstens sein, damit es in die Garage passt?

Rechnung:

Antwort: ....

Üben 7 Im Garten will Sofie für ihr Kaninchen ein Gehege mit Drahtzaun bauen. Es soll 1 m 20 cm breit und 95 cm lang sein. Wie viele Meter Zaun benötigt Sofie dafür?

Rechnung:

Antwort: ....

Längenangaben multiplizieren

Wissen und Verstehen

Längenangaben kannst du **multiplizieren**. Beim halbschriftlichen Multiplizieren von Längenangaben in **Kommaschreibweise** musst du zuerst umwandeln. Danach kannst du schrittweise multiplizieren.

7,5 m	· 6	= **?**	
7 m	· 6	=	42 m
50 cm	· 6	= 300 cm = 3 m	
42 m	+ 3 m =	**45 m**	

Üben 1

Frau Bello geht mit ihrem Hund von Montag bis Freitag jeden Tag zweimal Gassi. Sie läuft morgens 2,1 km und abends 3 km. Am Wochenende läuft Herr Bello mit dem Hund. Wie viele Kilometer läuft Frau Bello mit dem Hund pro Woche?

Rechnung:

Antwort: ....

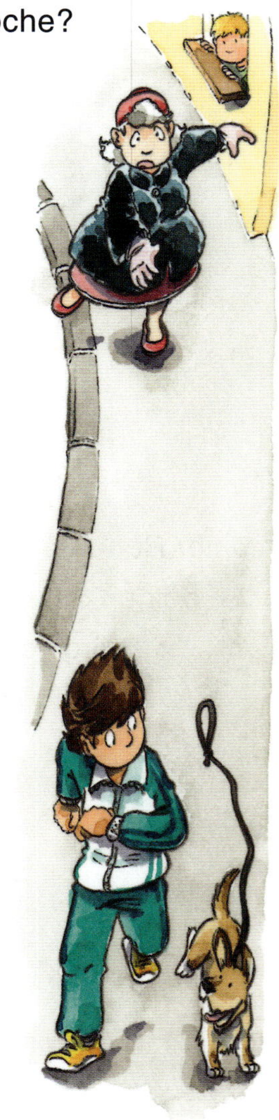

Üben 2

Alinas Vater joggt dreimal in der Woche 12,2 km. Wie viele Kilometer sind das in einer Woche?

Rechnung:

Antwort: ....

Üben 3 Inga wohnt nicht weit von der Schule entfernt. Peters Schulweg ist doppelt so lang wie Ingas. Wie weit wohnt Peter von der Schule entfernt?

Rechnung:

Antwort: ....

Üben 4 Sandro hat eine Schrittlänge von 65 cm. Er misst sein Zimmer aus und braucht 6 Schritte für die Länge und 4 Schritte für die Breite. Berechne die Länge und Breite von Sandros Zimmer.

Rechnung:

Antwort: ....

Üben 5 Für das Fest werden 8 Tischdecken von einer Rolle abgeschnitten. Jeder Tisch ist 2,20 m lang. An beiden Seiten soll die Tischdecke 20 cm überhängen. Wie viel wird von der Rolle abgeschnitten?

Rechnung:

Antwort: ....

Längenangaben dividieren

Wissen und Verstehen

Längenangaben kannst du **dividieren**. Beim halbschriftlichen Dividieren von Längenangaben in **Kommaschreibweise** musst du zuerst in die kleinere Einheit umwandeln.

3,12 m : 4 = **?**	5,4 cm : 3 = **?**
312 cm : 4 = 78 cm = 0,78 m	54 mm : 3 = 18 mm = 1,8 cm
280 cm : 4 = 70 cm	30 mm : 3 = 10 mm
32 cm : 4 = 8 cm	24 mm : 3 = 8 mm
70 cm + 8 cm = **78 cm = 0,78 m**	10 mm + 8 mm = 18 mm = 1,8 cm

Üben 1

Die Klasse 3a bastelt im Kunstunterricht Lesezeichen. Die Lehrerin gibt immer 6 Kindern einen Pappstreifen von 1 m 50 cm. Die Lesezeichen sollen gleich lang sein. Wie viele Zentimeter bleiben von dem Pappstreifen übrig?

Rechnung:

Antwort: ....

Üben 2

Petra läuft jeden Tag 730 m in die Schule. Ihr Freund Karim muss nur halb so viel laufen. Wie lang ist sein Schulweg?

Rechnung:

Antwort: ....

Üben 3 Die Lehrerin bringt ein Springseil von 2,52 m Länge mit und bittet Mina, dieses in 6 gleiche Teile zu zerschneiden, damit die Kinder Knoten nachknoten können. Wie lang ist jedes Teilstück?

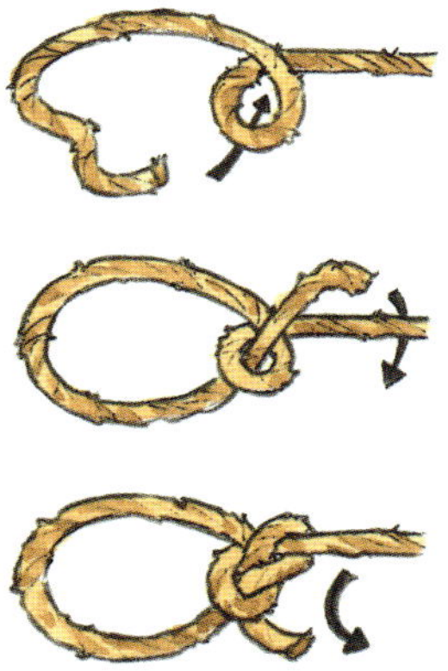

Rechnung:

Antwort: ....

Üben 4 Malte wohnt in Mannheim, seine Oma in Darmstadt. Maltes Familie besucht die Oma an vier Wochenenden. Der Vater sagt: „Wir sind insgesamt 536 km gefahren." Wie viele Kilometer beträgt die einfache Wegstrecke von Mannheim nach Darmstadt?

Rechnung:

Antwort: ....

Üben 5 Ein Garten wird dreimal mit Draht eingezäunt. Insgesamt werden 126 m Draht gespannt. Wie lang muss der Draht sein, wenn er nur einmal um den Garten gespannt wird?

Rechnung:

Antwort: ....

Mit Längenangaben rechnen

Wissen und Verstehen

Oft musst du bei einer Textaufgabe mit Längenangaben verschiedene Rechenarten anwenden. Du musst dir daher immer genau überlegen, mit welchen **Rechenschritten** du die gesuchte Länge berechnen kannst. Denke daran, bei jeder Längenangabe die Maßeinheit (mm, cm, m oder km) dazuzuschreiben.

Die Klasse 3a dreht Kordeln für ihre Lesezeichen. Für jedes Lesezeichen braucht man 55 cm Garn. Jeder Gruppentisch mit 6 Schülern bekommt eine Garnrolle mit 5 Metern. Wie viele Zentimeter bleiben auf jeder Rolle übrig?

Rechnung:	55 cm · 6 = **?**	500 cm
	50 cm · 6 = 300 cm	– 330 cm
	5 cm · 6 = 30 cm	1
	300 cm + 30 cm = **330 cm**	170 cm

Antwort: Auf jeder Rolle bleiben 170 cm übrig.

Üben

Die Klasse 3b macht in Mathematik ein Spiel. Es sitzen sich immer 3 Schüler gegenüber. Von jedem Schüler aus soll zu jedem Schüler in der gegenübersitzenden Reihe ein Wollfaden gespannt werden. Wie viele Meter Wolle werden gebraucht?

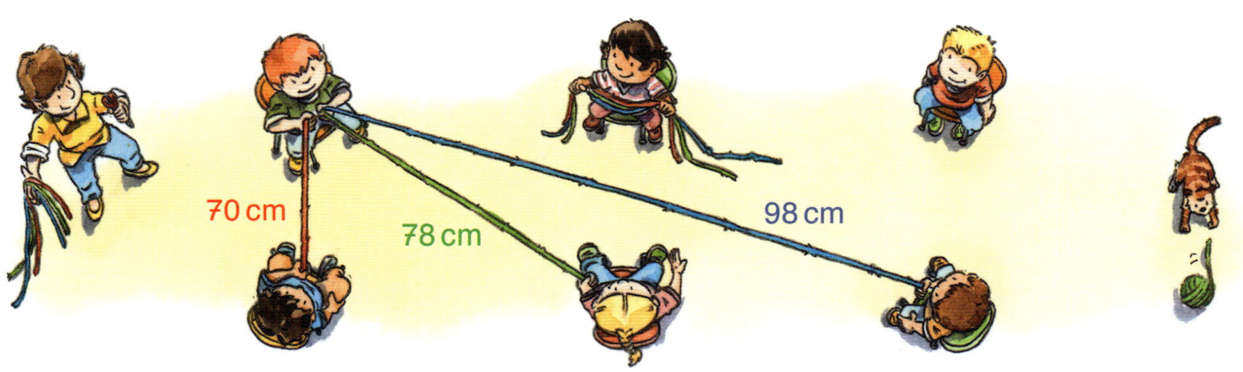

Rechnung:

Antwort: ....

Können Bist du fit?

Lies den Text und löse die Aufgaben.

Die 25 Kinder der Klasse 3d bereiten das Schulsportfest vor. Für den Ballweitwurf zeichnen sie zum Ablesen der Wurfweiten Linien im Abstand von 50 cm auf. Sie beginnen mit der Abwurflinie und zeichnen dann noch 46 Linien. Daisy wirft bis zur 31. Linie.

1 Schreibe die passende Frage auf.

....

2 Kreuze an, welche Angaben für die Beantwortung der Frage wichtig sind.

- ☐ Abstand von 50 cm
- ☐ zur 31. Linie
- ☐ 25 Kinder
- ☐ noch 46 Linien
- ☐ Schulsportfest
- ☐ Ballweitwurf

3 Fertige eine Skizze an, die dir hilft, die Frage zu beantworten.

4 Überprüfe die Lösungen, ohne zu rechnen. Streiche durch, was nicht stimmen kann.

5 m   95 cm   15,5 cm   1,50 m   15 m   1,5 km   150 cm   150 m

5 Rechne genau aus.

6 Schreibe eine Antwort zu deiner Frage auf.

Antwort: ....

Gewichte vergleichen

Wissen und Verstehen

Gewichte kannst du in unterschiedlichen Einheiten angeben: Tonne (t), Kilogramm (kg) oder Gramm (g). Beim Vergleichen von Gewichten musst du genau auf die Einheit achten.

1 t = 1 000 kg

1 kg = 1 000 g

Üben 1

Frau Koch kauft auf dem Markt ein: 450 g Karotten, 2 kg 500 g Kartoffeln, 250 g Pflücksalat, 1 kg 300 g Äpfel, 150 g Pilze und eine Ingwerwurzel mit 45 g. Ihr Sohn Olaf will das schwerste Gemüse tragen. Ordne die Gewichtsangaben. Unterstreiche im Text, was Olaf trägt.

.... < .... < .... < .... < .... < ....

Üben 2

Frau Maier gibt ihrer Klasse eine Denkaufgabe. Deshalb fehlen auf dem Arbeitsblatt alle Gewichtsangaben. Ergänze diese (t, kg, g) und ordne die Gewichte anschließend der Größe nach.

Tafel Schokolade	100 ....
Schäferhund	40 ....
Elefant	4 ....
Hühnerei	30 ....
Papagei	1,5 ....
Drittklässler	38 ....

.... < .... < ....

< .... < .... < ....

Denke auch in diesem Kapitel an die einzelnen Schritte zum Lösen von Textaufgaben.
➲ siehe Seite 6 bis 12

Gewichte addieren und subtrahieren

Wissen und Verstehen

Gewichte kannst du **addieren** und **subtrahieren**. Bevor du rechnest, musst du überprüfen, ob sie in der gleichen Schreibweise stehen. Sonst musst du zuerst alle Angaben in die gleiche Schreibweise umwandeln.
Beim schriftlichen Addieren und Subtrahieren musst du die Gewichte **stellengerecht** untereinanderschreiben.

2 kg 516 g + 343 g = **?**

2 kg 516 g + 0 kg 343 g = **2 kg 859 g**

```
  2 kg 516 g
+ 0 kg 343 g
------------
  2 kg 859 g
```

6 kg 781 g – 550 g = **?**

6 kg 781 g – 0 kg 550 g = **6 kg 231 g**

```
  6 kg 781 g
– 0 kg 550 g
------------
  6 kg 231 g
```

Üben

1 Donata fliegt zu ihrer Tante nach London. Sie packt den Rucksack. Er wiegt jetzt schon 1 kg 100 g. Es sollen aber noch ein Buch (500 g), ihr MP3-Player (140 g) und eine Digitalkamera (185 g) dazukommen. Wie schwer ist der Rucksack dann?

Rechnung:

Antwort: ....

Gewichte addieren und subtrahieren

Üben 2 Die Mutter will für Amelies Geburtstag 2 Kuchen und außerdem Muffins backen. Für den einen Kuchen benötigt sie 350 g Mehl, für den anderen 225 g. Für die Muffins braucht sie 320 g Mehl. 850 g sind noch in der Mehltüte. Reicht das Mehl?

Rechnung:

Antwort: ....

....

....

Üben 3 Die Klasse 3b fährt ins Museum. Alle müssen in den zweiten Stock und benutzen den Fahrstuhl. Im Fahrstuhl stehen schon 3 Erwachsene, die zusammen 185 kg wiegen. Die Lehrerin und 6 Kinder wollen noch mitfahren. Sie wiegen zusammen 234 kg. Überprüfe, ob das zulässige Gesamtgewicht des Fahrstuhls eingehalten wird.

Rechnung:

Antwort: ....

Üben 4 Auf einem Autotransporter stehen schon 3 Autos mit diesen Gewichten: 1 t 400 kg, 2 t 100 kg, 1 t 300 kg. Der Transporter kann Autos mit einem Gesamtgewicht von 10 t transportieren. Wie viel Gewicht kann noch geladen werden?

Rechnung:

Antwort: ....

Wissen und Verstehen

Gewichte kannst du **multiplizieren** und **dividieren**. Beim halbschriftlichen Multiplizieren und Dividieren von Gewichten rechnest du schrittweise.

3 kg 132 g · 6 = ?		
3 kg	· 6	= 18 kg
100 g	· 6	= 600 g
30 g	· 6	= 180 g
2 g	· 6	= 12 g
18 kg + 600 g + 180 g + 12 g = **18 kg 792 g**		

12 kg 452 g : 4 = ?		
12 kg	: 4	= 3 kg
400 g	: 4	= 100 g
40 g	: 4	= 10 g
12 g	: 4	= 3 g
3 kg + 100 g + 10 g + 3 g = **3 kg 113 g**		

Üben 1

In einem Teebeutel sind 3 g Tee. 25 Teebeutel sind in einer Schachtel, und immer 8 Schachteln sind in einem Karton. Wie viel Gramm Tee sind in einem Karton?

Rechnung:

Antwort: ....

Üben 2

Finn und seine zwei Geschwister bekommen eine große Tüte gebrannte Mandeln geschenkt. Sie wollen sie gerecht unter sich verteilen und wiegen deshalb die Tüte. Sie wiegt 780 g. Wie viel Gramm Mandeln bekommt Finn?

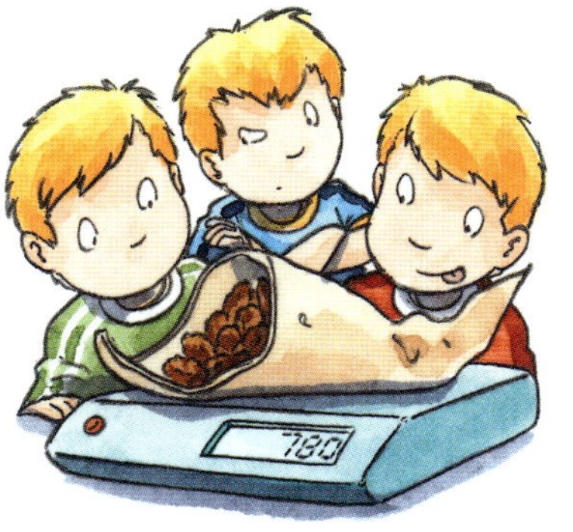

Rechnung:

Antwort: ....

Mit Gewichten rechnen

Wissen und Verstehen

Oft musst du bei einer Textaufgabe mit Gewichten verschiedene Rechenarten anwenden. Du musst dir daher immer genau überlegen, mit welchen **Rechenschritten** du das gesuchte Gewicht berechnen kannst. Denke auch daran, dass du bei jeder Gewichtsangabe die passende Maßeinheit (g, kg oder t) dazuschreibst.

Herr Maus will an Weihnachten ein Päckchen mit drei Büchern verschicken. Jedes Buch wiegt 120 g, das leere Paket wiegt 80 g. Wie schwer ist das Päckchen?

Rechnung:	120 g · 3 = ?	360 g
	100 g · 3 = 300 g	+ 80 g
	20 g · 3 = 60 g	1
	300 g + 60 g = 360 g	**440 g**

Antwort: Das Päckchen wiegt insgesamt 440 g.

Üben

Jacob, Lukas und Marie testen mit der neuen Waage ihr Gewicht. Sie wiegen zusammen 114 kg. Marie wiegt dreimal so viel wie Jacob. Jacob wiegt halb so viel wie Lukas. Wie viel wiegt jedes Kind?

Rechnung:

Antwort: ....

....

Können Bist du fit?

Lies den Text und löse die Aufgaben.

Familie Maurer renoviert ihr Badezimmer. Herr Maurer fährt mit seinem Auto mit Anhänger in den Baumarkt. Er kauft 9 Pakete Fliesen. Jedes Paket wiegt 18 kg. Außerdem kauft er noch 2 Säcke Fliesenkleber zu je 15 kg. Er kann den Anhänger mit höchstens 440 kg Gewicht beladen.

1 Kreuze die passende Frage an.

☐ Wie viel bezahlt Herr Maurer für Fliesen und Kleber?

☐ An welchem Tag fährt Herr Maurer in den Baumarkt?

☐ Wie viel Gewicht kann noch zugeladen werden?

☐ Wie viel wiegt der Anhänger?

2 Unterstreiche im Text alle wichtigen Angaben, die du brauchst, um die Frage zu beantworten.

3 Schreibe eine Überschlagsrechnung auf und rechne diese im Kopf aus.

4 Färbe mögliche Ergebnisse ein.

200 kg 240 kg 700 kg

5 Rechne die Aufgabe genau aus.

6 Schreibe einen passenden Antwortsatz auf.

Antwort: ....

Mit Zeitspannen rechnen

Wissen und Verstehen

Eine **Zeitspanne** oder **Zeitdauer** kannst du in verschiedenen Einheiten messen: Jahr, Monat, Tag, Stunde (h), Minute (min) oder Sekunde (s).

1 Jahr = 12 Monate = 365 Tage oder 366 Tage
1 Monat dauert zwischen 28 und 31 Tagen.
1 Woche = 7 Tage

1 Tag = 24 Stunden
1 Stunde = 60 Minuten
1 Minute = 60 Sekunden

Beim Ausrechnen von einer Zeitdauer kann dir auch ein **Pfeilbild** helfen.

Frau Schnell fährt mit dem Auto von Hamburg nach Frankfurt. Sie fährt um 11.25 Uhr ab und kommt um 15.43 Uhr an. Wie lange war sie unterwegs?

11.25 Uhr —— + 4 h 18 min ——→ 15.43 Uhr
Zeitdauer oder Zeitspanne

Antwort: Sie war 4 Stunden und 18 Minuten unterwegs.

Üben

1 Martin nimmt an einem Fußballturnier teil. Es beginnt um 8.45 Uhr und endet um 12.30 Uhr. Wie lange dauert das Turnier?

Pfeilbild:

Antwort: ....

....

Denke auch in diesem Kapitel an die einzelnen Schritte zum Lösen von Textaufgaben.
➲ siehe Seite 6 bis 12

Üben 2 Zoe geht jeden Samstag zum Reiten. Sie verlässt das Haus um 13.50 Uhr und kommt um 16.20 Uhr zurück. Wie lange ist Zoe unterwegs?

Pfeilbild:

Antwort: ....

Üben 3 Lukas lädt 8 Freunde zum Geburtstag ins Bowlingcenter ein. Sie treffen sich dort um 14.30 Uhr und bowlen bis 16.00 Uhr. Danach gibt es noch etwas zu essen und zu trinken. Um 17.15 Uhr gehen alle nach Hause. Wie lange waren die Kinder im Center?

Pfeilbild:

Antwort: ....

Üben 4 Toms Schwimmtraining beginnt um 16.40 Uhr. Bis zur Schwimmhalle läuft er 10 Minuten. Nach dem Schwimmtraining geht Tom noch zum Trompetenunterricht. Um 19.15 Uhr ist er wieder zu Hause. Wie lange ist Tom insgesamt unterwegs?

Pfeilbild:

Antwort: ....

Mit Zeitspannen rechnen

Üben 5 Ben und Patrick fahren jeden Tag mit der Straßenbahn in die Schule. Nach der Schule holt Patricks Mutter sie ab. Die beiden steigen jeden Morgen um 7.12 Uhr in die Straßenbahn ein und um 7.54 Uhr wieder aus. Wie viele Stunden und Minuten sitzen Ben und Patrick in einer Woche in der Straßenbahn?

Pfeilbild:

Antwort: ....

Üben 6 Cemil darf von Montag bis Freitag immer von 16.30 Uhr bis 17.40 Uhr entweder fernsehen oder am Computer spielen. Am Samstag und Sonntag darf er es sogar jeden Tag 2 Stunden lang. Wie viele Stunden sind das in einer Woche insgesamt?

Pfeilbild:

Antwort: ....

Mit Zeitpunkten rechnen

Wissen und Verstehen

Jede **Zeitdauer** wird durch zwei **Zeitpunkte** begrenzt. Der eine Zeitpunkt gibt an, wann die Zeitdauer beginnt, und der andere, wann sie aufhört. Der Zeitpunkt kann eine Uhrzeit oder auch ein Datum sein. Ein **Pfeilbild** kann dir helfen, einen Zeitpunkt zu berechnen.

Das Sportfest beginnt um 8.35 Uhr und dauert 3 Stunden 20 Minuten. Wann ist es zu Ende?

8.35 Uhr —— + 3 h 20 min ——→ 11.55 Uhr
Zeitpunkt — Zeitdauer oder Zeitspanne — Zeitpunkt

In 5 Tagen läuft der neue Zeichentrickfilm in den Kinos an. Welches Datum ist dann, wenn heute der 6. April ist?

6. April —— + 5 Tage ——→ 11. April

Üben

1 Anna und Emma gehen am Sonntag um 11.45 Uhr ins Hallenbad. Sie kaufen Eintrittskarten für 2 Stunden und 30 Minuten. Wann ist ihre Badezeit beendet?

Pfeilbild:

Antwort: ....

Mit Zeitpunkten rechnen

Üben 2 Die Klasse 3d macht einen Ausflug. Sie fährt mit dem Zug und ist insgesamt 1 h 41 min unterwegs. Um 11.21 Uhr kommt sie an. Wann ist sie losgefahren?

Pfeilbild:

Antwort: ....

Üben 3 Ayla und Eva wollen sich um 15 Uhr auf dem Spielplatz treffen. Ayla muss 17 Minuten laufen, und Eva kommt mit dem Fahrrad. Wann ist Eva losgefahren?

Pfeilbild:

Antwort: ....

Üben 4 Familie Sommer bucht ihren Urlaub. Der erste Urlaubstag ist der 21. August. Sie will 3 Wochen Urlaub machen. Wann ist der letzte Urlaubstag?

Pfeilbild:

Antwort: ....

Können Bist du fit?

Lies den Text und löse die Aufgaben.

Enrico fährt mit dem Fahrrad in 18 Minuten von zu Hause zum Tennistraining. Er trainiert 45 Minuten lang. Danach duscht er und zieht sich an. Dafür braucht er 12 Minuten. Um 17.20 Uhr ist er wieder zu Hause.

1 Schreibe zwei mögliche Fragen auf. Verwende für jede Frage eine andere Farbe.

Frage: ....

Frage: ....

2 Unterstreiche in der gleichen Farbe die Angaben, die für die Beantwortung deiner Fragen wichtig sind.

3 Schreibe die Rechnungen für jede deiner Fragen in der gleichen Farbe auf.

4 Schreibe die Antwortsätze in der gleichen Farbe wie die Fragen auf.

Antwort: ....

Antwort: ....

5 Überprüfe jede Antwort, ob sie zu der entsprechenden Frage passt. Falls nicht, ändere deine Antwort.

Vermischte Aufgaben

Wissen und Verstehen

Es gibt auch Textaufgaben mit Angaben aus mehr als einem Größenbereich (Geld, Längen, Gewicht, Zeit). Deshalb musst du genau auf die **verschiedenen Maßeinheiten** achten und diese bei den Rechnungen immer mit aufschreiben.

Frau Baum kauft auf dem Markt 2 kg Kartoffeln, 1 kg Bananen und 500 g Tomaten. Die Kartoffeln kosten 1,30 € pro Kilo, die Bananen 1,99 € pro Kilo und die Tomaten 49 ct pro 100 g. Frau Baum bezahlt mit einem 10-€-Schein. Was bekommt sie zurück?

Rechnung:	2 kg Kartoffeln:	2 · 1,30 € = 2,60 €	2,60 €	10,00 €
	500 g Tomaten:	5 · 49 ct = 245 ct = 2,45 €	2,45 €	– 7,04 €
	1 kg Bananen		+ 1,99 €	1 1 1
			2 1	2,96 €
			7,04 €	

Antwort: Sie bekommt 2,96 € zurück.

Üben

1 Die Klasse 3a geht mit 24 Schülern und 3 Erwachsenen ins Kino. Was kostet der Eintritt?

Eintrittspreise	
Kinder bis 12 Jahre	3,50 €
Gruppentarif 10 Kinder	30,00 €
Erwachsene	5,75 €

Rechnung:

Antwort: ....

....

Denke auch in diesem Kapitel an die einzelnen Schritte zum Lösen von Textaufgaben.
➔ siehe Seite 6 bis 12

Vermischte Aufgaben

Üben 2 Frau Wiese will 15 kg Trockenfutter für ihren Hund kaufen. Wie viel Geld spart sie gegenüber dem Einzelpreis, wenn sie am preisgünstigsten einkauft?

Rechnung:

Trockenfutter „Hundeglück“

1 kg	3,75 €
3 kg	11,20 €
5 kg	18,95 €
10 kg	35,00 €

Antwort: ....

Üben 3 Ein Lkw transportiert 60 in Kartons verpackte Bildschirme. Das Gesamtgewicht beträgt 612 kg. Wie schwer ist ein Bildschirm, wenn die Kartons leer 72 kg wiegen?

Rechnung:

Antwort: ....

Üben 4 Ein Maulwurf ist nur 100 Gramm schwer. Er gräbt sich oft bis zu vier Stunden durch das Erdreich. In einer Minute gräbt er einen Gang von ungefähr zwanzig Zentimetern Länge. Wie lang ist sein Gang nach einer halben Stunde? Löse mit Tabelle.

Rechnung:

Antwort: ....

Vermischte Aufgaben

Üben 5 Marco vergleicht die Handyangebote A und B. Welcher Tarif ist für ihn am günstigsten, wenn er im Monat im Durchschnitt 25 SMS schickt und 30 Anrufe tätigt?

Angebot A	
Grundgebühr	19,99 €
ab der 21. SMS	0,20 €
je Anruf	0,15 €

Angebot B	
Grundgebühr	9,99 €
je SMS	0,10 €
je Anruf	0,25 €

Rechnung:

Antwort: ....

Üben 6 An Antonias Schule beginnt der Unterricht um 8.10 Uhr. Sie hat am Vormittag 6 Schulstunden. Jede Schulstunde dauert 45 Minuten. Nach der zweiten Stunde hat sie 10 Minuten Pause und nach der vierten Stunde 20 Minuten. Wann endet der Unterricht?

Pfeilbild:

Antwort: ....

Können Bist du fit?

Lies den Text und löse die Aufgaben.

Emma geht in den Supermarkt einkaufen. Ihre Mutter gibt ihr einen 20-€-Schein mit. Emma läuft um 14.35 Uhr los. Sie kauft ein: 1 kg Zucker, 500 g Butter, 250 g Quark und eine Packung Müsli (250 g). Für den einfachen Weg zum Supermarkt braucht Emma 8 Minuten und für den Einkauf 15 Minuten.

1 Kreuze alle Fragen an, die möglich sind.

- [ ] Wie viele Minuten läuft Emma insgesamt von zu Hause bis zum Supermarkt und wieder zurück?
- [ ] Was hat sie vergessen einzukaufen?
- [ ] Wie schwer ist der Einkauf?
- [ ] Um wie viel Uhr kommt Emma wieder nach Hause?
- [ ] Wie viel wiegt Emma?
- [ ] Wen trifft sie im Supermarkt?
- [ ] Was kostet der Einkauf?
- [ ] Wie viel Geld bekommt Emma zurück?

2 Unterstreiche im Text oben rot alle wichtigen Angaben zu der Frage: „Um wie viel Uhr kommt Emma wieder nach Hause?“

3 Überschlage. Welche Uhrzeiten können überhaupt nicht stimmen? Streiche diese durch.

Emma kommt um 13.00 Uhr vom Einkauf zurück.
Emma kommt um 15.00 Uhr vom Einkauf zurück.
Emma kommt um 18.30 Uhr vom Einkauf zurück.
Emma kommt um 3.00 Uhr vom Einkauf zurück.

4 Unterstreiche im Text oben blau alle wichtigen Angaben zu der Frage: „Wie schwer ist der Einkauf?“

Abschlusstest

Löse zuerst alle Aufgaben.
Kontrolliere deine Ergebnisse im Lösungsteil.
Male zu jeder Aufgabe nach der Kontrolle die Ampel so an:

Hier ist alles richtig.

Ich habe noch einige Fehler gemacht.

Das übe ich noch einmal.

Bei den Aufgaben, deren Ampel rot ist, hast du noch Probleme.
Schau dir deshalb nochmals die dazugehörigen Seiten vorne im Heft an.
Das Zeichen unter der Ampel hilft dir dabei.

Aufgabe 1 Eine wichtige Angabe ist nicht unterstrichen, die du zur Beantwortung der Frage brauchst. Unterstreiche sie. Rechne dann die Aufgabe aus.

Frederik sammelt Fußballbilder. Er hat 2 Alben. In einem Album sind 147 Bilder und in dem anderen 217 Bilder. Sein Freund Benjamin hat 67 Bilder weniger. Wie viele Bilder hat Benjamin?

Rechnung:

Antwort: ....

siehe Seite 6

Aufgabe 2 Welche Angabe fehlt in der Aufgabe, damit sie lösbar ist? Schreibe auf.

Sophie ist 10 Jahre alt. Ihre Mutter ist 27 Jahre älter als sie. Sophies Schwester ist jünger als sie. Wie alt ist ihre Schwester?

Es fehlt: ....

siehe Seite 7

Aufgabe 3 Bert hat 248,50 € in seiner Spardose. Er bezahlt davon ein Geschenk für die Mutter zu 18,75 €, eins für die Schwester zu 23 € 45 ct und eins für den Vater zu 15,65 €. Für sich kauft Bert eine CD zu 22,99 €. Wie viel Geld bleibt übrig?

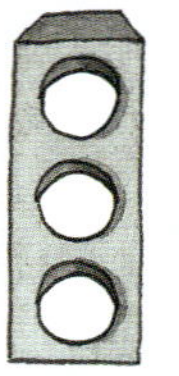

Rechnung:

Antwort: ....

siehe Seite 15

Aufgabe 4 Ein Sportverein kauft Bälle: 8 Fußbälle zu je 24,95 €, 8 Medizinbälle zu je 29,95 €. Wie viel kosten die Bälle?

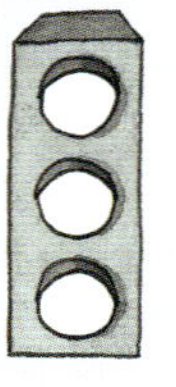

Rechnung:

Antwort: ....

siehe Seite 18

Aufgabe 5 Utes Mutter kauft eine ganze Palette Joghurt: Sie bezahlt 3,84 €. Wie viel kostet ein Joghurt?

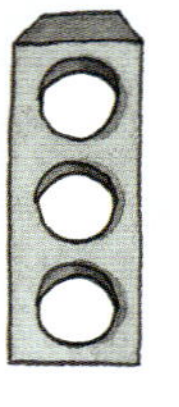

Rechnung:

Antwort: ....

siehe Seite 20

Aufgabe 6 Marek wirft seinen Schlagball 21,75 m weit. Der Ball von Linus fliegt noch 3,50 m weiter. Mina wirft 215 cm weniger weit als Marek. Wie weit wirft Linus, und wie weit wirft Mina?

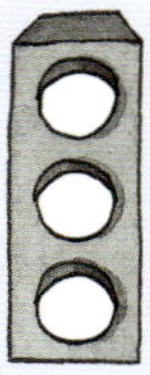

Rechnung:

Antwort: ....

siehe Seite 25

Aufgabe 7 Hendrik wird von seiner Mutter jeden Morgen zur Schule gefahren. Anschließend fährt sie zur Arbeit. Insgesamt fährt Hendriks Mutter morgens an 5 Tagen in der Woche 36 km. Nach der Arbeit fährt sie direkt nach Hause. Dann sind es nur 28 km. Wie viele Kilometer fährt sie insgesamt an den 5 Tagen?

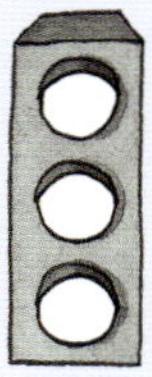

Rechnung:

Antwort: ....

siehe Seite 28

Aufgabe 8 Neun Kinder der Klasse 3d beteiligen sich an einem Stadtlauf für einen guten Zweck. Die Strecke ist insgesamt 18 km und 720 m lang. Jedes Kind läuft von dieser Strecke ein gleich langes Stück. Wie lang ist das Stück, das jedes Kind läuft?

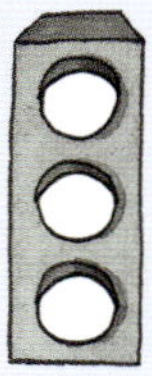

Rechnung:

Antwort: ....

siehe Seite 30

Aufgabe 9 Herr Grün hat zwei Apfelbäume, einen Kirsch- und einen Birnbaum. Ein Apfelbaum trägt 142 kg Äpfel, der andere 23 kg weniger. Der Kirschbaum trägt 81 kg Kirschen, und der Birnbaum hat doppelt so viele Kilo. Wie viele Kilo Obst sind das?

Rechnung:

Antwort: ....

siehe Seite 35

Aufgabe 10 Frau Ott kauft 2 Matjes (Kilopreis: 9,60 €), die zusammen 250 g wiegen. Außerdem kauft sie 1,5 kg Kartoffeln (Kilopreis: 1,30 €) und Pflücksalat für 1,70 €. Wie viel bezahlt sie?

Rechnung:

Antwort: ....

siehe Seite 46

Aufgabe 11 Toby steigt um 14.08 Uhr in die Bahn ein. Nach 26 Minuten steigt er am Schwimmbad wieder aus. Wie spät ist es?

Pfeilbild:

Antwort: ....

siehe Seite 43

Dein Ergebnis bei den 11 Aufgaben:

Textaufgaben ohne Größen

Seite 6 Üben 1

genau umgekehrt

Seite 6 Üben 2

138 Männer und 108 Frauen

Seite 6 Üben 3

217 Schüler 163 Schüler

Seite 7 Üben

1. Schiff: lösbar; es werden 9 Medaillen an das Siegerboot verteilt, egal welches Boot gewinnt.
2. Schiff: nicht lösbar; keine Angabe, ob an allen Projekten gleich viele Schüler teilnehmen.
3. Schiff: nicht lösbar; keine Angabe, wie viele Schüler von einem Lehrer betreut werden.
4. Schiff: nicht lösbar; keine Angabe, wie alt Nic ist.

Seite 8 Üben 1

118 Stühle 75 Stühle noch aufgestellt

Frage: Wie viele Stühle sind es insgesamt?

Seite 8 Üben 2

54 Erstklässler eine Trinkflasche
6 Trinkflaschen sind in einem Paket

Frage: Wie viele Pakete werden gebraucht?

Seite 8 Üben 3

25 Sachbücher, 8 Lexika, 15 Lesedetektivgeschichten und 23 Abenteuerbücher, schon 148 Bücher.

Frage: Wie viele Bücher sind es jetzt insgesamt?

Seite 9 Üben 1

$$1\,000 \underset{\cdot\,100}{\overset{:\,100}{\rightleftarrows}} 10 \underset{-\,45}{\overset{+\,45}{\rightleftarrows}} 55$$

Antwort: Die Zahl heißt 1 000.

Seite 9 Üben 2

× × × × F. × × × × × × × L. × × × × × × × × S.

Antwort: 22 Kinder stehen an der Kasse.

Seite 10 Üben 1

$8 \cdot 30 = 240$

Antwort: Es nehmen 240 Schüler am Sportfest teil.

Seite 11 Üben 2

$$\begin{array}{r} 78 \\ 32 \\ +\ 25 \\ _{1} \\ \hline 135 \end{array} \qquad \begin{array}{r} 164 \\ -\ 135 \\ _{1} \\ \hline 29 \end{array}$$

Antwort: 29 Schüler spielen Theater.

Seite 11 Üben 3

$$6 \cdot 60 = 360 \qquad \begin{array}{r} 318 \\ 18 \\ +\ 2 \\ _{1} \\ \hline 338 \end{array} \qquad \begin{array}{r} 360 \\ -\ 338 \\ _{1} \\ \hline 22 \end{array}$$

Antwort: Es bleiben 22 Äpfel übrig.

Seite 12 Üben

Überschlag: $7 \cdot 30 = 210$

·	20	9	
7	140	63	
			203

Antwort: Insgesamt werden 203 Fotos gedruckt.

Seite 13 Bist du fit?

1 Wie viele Plätze gibt es insgesamt in den Reihen 6 bis 8?

2

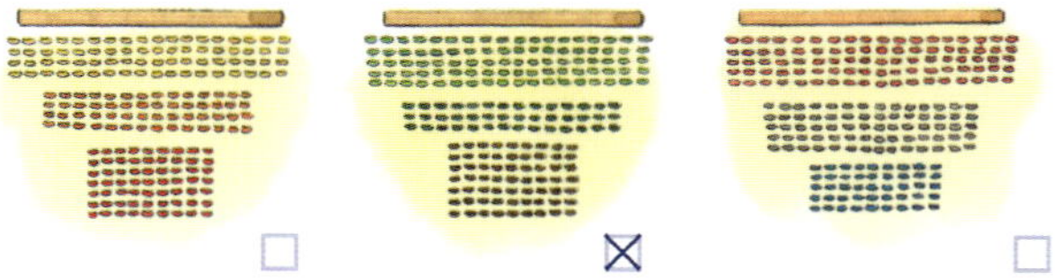

3 ☒ 5 · 18 = 90 7 · 9 = 63
5 · 10 = 50
5 · 8 = 40

```
   90     195
+  63   – 153
  1
  153      42
```

4 Antwort: In den Reihen 6 bis 8 gibt es insgesamt 42 Plätze.

Seite 14 Üben 1

Hatice: 9,03 € große Schwester: 9,30 €
Bruder: 90,03 € kleine Schwester: 0,93 €

Antwort: Hatices Bruder hat am meisten gespart.

Seite 14 Üben 2

100 € + 100 € + 50 € + 20 € + 5 € + 50 ct + 5 ct + 2 ct
= 275 Euro 57 Cent
= 275 EUR 57 ct
= 275,57 €

Seite 15 Üben 1

```
   77,70 €     600,00 €
   78,50 €   – 498,00 €
  135,80 €     1 1
+ 206,00 €     102,00 €
  1 2 2
  498,00 €
```

Antwort: Er hat nach dem Einkauf noch 102,00 €.

Seite 16 Üben 2

```
  41,90 €     96,80 €
+ 15,00 €   – 56,90 €
  56,90 €     1 1
              39,90 €
```

Antwort: Für Leon hat der Vater an diesem Tag 39,90 € ausgegeben.

Seite 16 Üben 3

```
  24,95 €
+ 14,95 €
  1 1
  39,90 €
```

Antwort: Leon hat sich die Torwarthandschuhe zu 24,95 € und die Schienbeinschützer für 14,95 € ausgesucht.

Seite 17 Üben 4

```
Eltern:            11,00 €
Großmutter:         4,50 €
Finn u. Donata:   + 6,00 €
                  1
                   21,50 €
```

Antwort: Der Eintritt kostet 21,50 €.

Seite 17 Üben 5

```
Vater:           8,90 €    Kinder:  4,50 €
Mutter:          9,50 €             4,50 €
Großmutter:      9,50 €             4,50 €
Kinder:        + 13,50 €            1 1
                 3 2                13,50 €
                 41,40 €
```

Antwort: Die Familie muss 41,40 € bezahlen.

Seite 18 Üben 1

16,90 € · 9 = 152,10 €
10 € · 9 = 90 €
6 € · 9 = 54 €
90 ct · 9 = 810 ct = 8 € 10 ct
90 € + 54 € + 8 € 10 ct = 152 € 10 ct
= 152,10 €

Antwort: Die Bänder kosten insgesamt 152,10 €.

Seite 18 Üben 2

39,50 € · 2 = 79 €
30 € · 2 = 60 €
9 € · 2 = 18 €
50 ct · 2 = 100 ct = 1 €
60 € + 18 € + 1 € = 79 €

79 € · 2 = 158 €
70 € · 2 = 140 €
9 € · 2 = 18 €
140 € + 18 € = 158 €

Antwort: Die Regale kosten 158 €.

Textaufgaben mit Geld

Seite 19 Üben 3

Menge	1	2	3	4	5	45	47
Preis (€)	11,50	23	34,50	46	50	450	473

Antwort: Der Förderverein muss 473 € bezahlen.

Seite 19 Üben 4

1,29 € · 20 = 25,80 €
1 € · 20 = 20 €
20 ct · 20 = 400 ct = 4 €
9 ct · 20 = 180 ct = 1,80 €
20 € + 4 € + 1,80 € = 25,80 €

Antwort: Das Geld reicht.

Seite 19 Üben 5

Nicht lösbar: keine Preisangabe für die Schuhe und auch nicht, wie viel Mias Mutter insgesamt bezahlt. (Kapitänsaufgabe)

Seite 20 Üben 1

2,96 € : 8 = 0,37 €

296 ct : 8 = 37 ct
240 ct : 8 = 30 ct
56 ct : 8 = 7 ct
30 ct + 7 ct = 37 ct

Antwort: Ein Trinkjoghurt kostet 37 ct.

Seite 20 Üben 2

9,50 € : 5 = 1,90 €

950 ct : 5 = 190 ct
500 ct : 5 = 100 ct
450 ct : 5 = 90 ct
100 ct + 90 ct = 190 ct = 1,90 €

Antwort: Pro Person müssen 1,90 € eingesammelt werden.

Seite 21 Üben 3

16,56 € : 4 = 4,14 €
16 € : 4 = 4 €
40 ct : 4 = 10 ct
16 ct : 4 = 4 ct
4 € + 10 ct + 4 ct = 4 € 14 ct = 4,14 €

4,14 € : 6 = 0,69 €

414 ct : 6 = 69 ct
360 ct : 6 = 60 ct
54 ct : 6 = 9 ct
60 ct + 9 ct = 69 ct = 0,69 €

Antwort: Eine Erdbeerpflanze kostet 69 ct.

Seite 21 Üben 4

Nicht lösbar: keine Preisangabe für die Wasserfarbkästen. (Kapitänsaufgabe)

Seite 21 Üben 5

9,90 € : 3 = 3,30 €

990 ct : 3 = 330 ct
900 ct : 3 = 300 ct
90 ct : 3 = 30 ct
300 ct + 30 ct = 330 ct = 3,30 €

3,50 € – 3,30 € = 0,20 € = 20 ct

Antwort: Beim Sonderangebot spart jedes Kind 20 ct.

Seite 22 Üben

Frage: Wie viel Geld bekommt Mona zurück?

1,25 € · 3 = 3,75 €

125 ct · 3 = 375 ct
100 ct · 3 = 300 ct
20 ct · 3 = 60 ct
5 ct · 3 = 15 ct
300 ct + 60 ct + 15 ct = 375 ct = 3,75 €

1,45 € · 2 = 2,90 €

145 ct · 2 = 290 ct
100 ct · 2 = 200 ct
40 ct · 2 = 80 ct
5 ct · 2 = 10 ct
200 ct + 80 ct + 10 ct = 290 ct = 2,90 €

```
  3,75 €      20,00 €
+ 2,90 €    –  6,65 €
   1          1 1
  6,65 €      13,35 €
```

Antwort: Mona bekommt 13,35 € zurück.

Seite 23 Bist du fit?

1 Wie viel Geld muss Kiras Mutter für alle Kinder bezahlen?

2 Kira – 8 Kinder – pro Kind 8,50 € – 3 Kinder abgeholt – Kindermenü für 4,80 €

3 ☐ 4,80 € · 8 ☐ 4,80 € : 9 ☒ 4,80 € · 6 ☒ 8,50 € · 9 ☐ 8,50 € · 8 ☐ 8,50 € · 5

4
```
8,50 € · 9 = 76,50 €
8 €    · 9 = 72 €
50 ct  · 9 = 450 ct    = 4 € 50 ct
72 € + 4 € 50 ct = 76 € 50 ct = 76,50 €

4,80 € · 6 = 28,80 €
4 €    · 6 = 24 €
80 ct  · 6 = 480 ct    = 4 € 80 ct
24 € + 4 € 80 ct = 28 € 80 ct = 28,80 €

   76,50 €
+  28,80 €
   1 1 1
  105,30 €
```

```
Überschlag:      8,50 € · 10 = 85,00 €
                 5,00 € ·  6 = 30,00 €
             85,00 € + 30,00 € = 115,00 €

Umkehr-      28,80 € : 6 = 4,80 €
aufgaben:    24 €    : 6 = 4 €
             480 ct  : 6 = 80 ct
             4 € + 80 ct = 4 € 80 ct = 4,80 €

76,50 € : 9 = 8,50 €              105,30 €
72 €    : 9 = 8 €               –  76,50 €
450 ct  : 9 = 50 ct                1 1 1
8 € + 50 ct = 8 € 50 ct = 8,50 €   28,80 €
```

Antwort: Kiras Mutter muss für alle Kinder 105,30 € bezahlen.

Seite 24 Üben 1

2,59 m < 278 cm < 2,87 m < 2 m 95 cm

Seite 24 Üben 2

Größe	116	128	134	140	146	152	158	164
Name		Justin	Susi			Anja	Felix	

Seite 25 Üben 1

```
  1,94 m      2,31 m
+ 0,37 m    – 0,05 m
  1 1           1
  2,31 m      2,26 m
```

Antwort: Der Baum ist mit Spitze 2,26 m hoch.

Seite 25 Üben 2

```
  2,26 m
– 2,20 m
  0,06 m
```

Antwort: Der Weihnachtsbaum muss um mindestens 6 cm gekürzt werden.

Seite 26 Üben 3

```
  437 m      1 000 m
+ 437 m    –   874 m
   1           1 1 1
  874 m        126 m
```

Antwort: Nina fehlen noch 126 m, um die Wette zu gewinnen.

Seite 26 Üben 4

```
  10,97 m       73,16 m
  11,89 m    +  73,16 m
  11,89 m       1    1
  11,89 m      146,32 m
  11,89 m
   8,23 m
+  6,40 m
  25 4
  73,16 m
```

Antwort: Tommy muss 146,32 m Linie kehren.

Seite 27 Üben 5

Nicht lösbar. In der Aufgabe ist keine Angabe, wie viel Band für die Schleife gebraucht wird. (Kapitänsaufgabe)

Textaufgaben mit Längen

Seite 27 Üben 6

5,20 m
− 0,65 m
1 1
4,55 m

4,55 m
− 0,15 m
4,40 m

Antwort: Das Auto darf höchstens 4,40 m lang sein.

Seite 27 Üben 7

1,20 m
+ 1,20 m
2,40 m

95 cm
+ 95 cm
1 1
190 cm = 1,90 m

2,40 m
+ 1,90 m
1
4,30 m

Antwort: Sofie benötigt 4,30 m Zaun.

Seite 28 Üben 1

2,1 km
+ 3,0 km
5,1 km

5,1 km · 5 = 25,5 km
5 km · 5 = 25 km
100 m · 5 = 500 m
25 km + 500 m = 25 km 500 m
= 25,5 km

Antwort: Frau Bello läuft mit dem Hund pro Woche 25,5 km.

Seite 28 Üben 2

12,2 km · 3 = 36,6 km
12 km · 3 = 36 km
200 m · 3 = 600 m
36 km + 600 m = 36 km 600 m = 36,6 km

Antwort: Alinas Vater joggt in der Woche 36,6 km.

Seite 29 Üben 3

Nicht lösbar. Keine Angabe, wie weit Inga von der Schule entfernt wohnt. (Kapitänsaufgabe)

Seite 29 Üben 4

65 cm · 6 = 3,90 m
60 cm · 6 = 360 cm
5 cm · 6 = 30 cm
360 cm + 30 cm = 390 cm = 3,90 m

65 cm · 4 = 2,60 m
60 cm · 4 = 240 cm
5 cm · 4 = 20 cm
240 cm + 20 cm = 260 cm = 2,60 m

Antwort: Das Zimmer ist 3,90 m lang und 2,60 m breit.

Seite 29 Üben 5

2,20 m
0,20 m
+ 0,20 m
2,60 m

2,60 m · 8 = 20,80 m
2 m · 8 = 16 m
60 cm · 8 = 480 cm = 4,80 m
16 m + 4,80 m = 20,80 m

Antwort: Es werden 20,80 m von der Rolle abgeschnitten.

Seite 30 Üben 1

150 cm : 6 = 25 cm
120 cm : 6 = 20 cm
30 cm : 6 = 5 cm
20 cm + 5 cm = 25 cm

Antwort: Es bleibt nichts vom Pappstreifen übrig.

Seite 30 Üben 2

730 m : 2 = 365 m
700 m : 2 = 350 m
30 m : 2 = 15 m
350 m + 15 m = 365 m

Antwort: Karims Schulweg ist 365 m lang.

Seite 31 Üben 3

2,52 m : 6 = 42 cm

252 cm : 6 = 42 cm
240 cm : 6 = 40 cm
12 cm : 6 = 2 cm
40 cm + 2 cm = 42 cm

Antwort: Jedes Teilstück ist 42 cm lang.

Seite 31 Üben 4

536 km : 4 = 134 km
400 km : 4 = 100 km
120 km : 4 = 30 km
16 km : 4 = 4 km
100 km + 30 km + 4 km = 134 km

134 km : 2 = 67 km
100 km : 2 = 50 km
34 km : 2 = 17 km
50 km + 17 km = 67 km

Antwort: Die einfache Wegstrecke von Mannheim nach Darmstadt beträgt 67 km.

Seite 31 Üben 5

126 m : 3 = 42 m
90 m : 3 = 30 m
36 m : 3 = 12 m
30 m + 12 m = 42 m

Antwort: Der Draht muss 42 m lang sein.

Seite 32 Üben

70 cm · 3 = 210 cm

78 cm · 4 = 312 cm
70 cm · 4 = 280 cm
8 cm · 4 = 32 cm
280 cm + 32 cm = 312 cm

98 cm · 2 = 196 cm

312 cm
210 cm
\+ 196 cm
1
718 cm = 7,18 m

Antwort: Es werden 7,18 m Wolle gebraucht.

Seite 33 Bist du fit?

1 Wie weit hat Daisy geworfen?

2
- [x] Abstand von 50 cm
- [x] zur 31. Linie
- [ ] 25 Kinder
- [ ] noch 46 Linien
- [ ] Schulsportfest
- [ ] Ballweitwurf

3 | | | | | | | | | | | | | | | | | | | | | | | | | | | | | | |
1 Abstand immer 50 cm 31

4 ~~5 m~~ ~~95 cm~~ ~~15,5 cm~~ ~~1,50 m~~ 15 m ~~1,5 km~~ ~~150 cm~~ ~~150 m~~

5 50 cm · 30 = 1 500 cm = 15 m

6 Antwort: Daisy hat 15 m weit geworfen.

Seite 34 Üben 1

45 g < 150 g < 250 g < 450 g < 1 kg 300 g < 2 kg 500 g
2 kg 500 g Kartoffeln

Seite 34 Üben 2

100 g 40 kg 4 t 30 g 1,5 kg 38 kg
30 g < 100 g < 1,5 kg < 38 kg < 40 kg < 4 t

Seite 35 Üben 1

1 kg 100 g
0 kg 500 g
0 kg 140 g
\+ 0 kg 185 g
1
1 kg 925 g

Antwort: Der Rucksack ist dann 1 kg 925 g schwer.

Seite 36 Üben 2

350 g
225 g
\+ 320 g
895 g

Antwort: Das Mehl reicht nicht.

Seite 36 Üben 3

Nicht lösbar: Das zulässige Gesamtgewicht des Fahrstuhls ist nicht angegeben. (Kapitänsaufgabe)

Seite 36 Üben 4

1 t 400 kg
2 t 100 kg
\+ 1 t 300 kg
4 t 800 kg

10 t 000 kg
− 4 t 800 kg
1 1
5 t 200 kg

Antwort: Es können noch 5 t 200 kg Gewicht geladen werden.

Seite 37 Üben 1

3 g · 25 = 75 g
3 g · 20 = 60 g
3 g · 5 = 15 g
60 g + 15 g = 75 g

75 g · 8 = 600 g
70 g · 8 = 560 g
5 g · 8 = 40 g
560 g + 40 g = 600 g

Antwort: In einem Karton sind 600 g Tee.

Seite 37 Üben 2

780 g : 3 = 260 g
600 g : 3 = 200 g
180 g : 3 = 60 g
200 g + 60 g = 260 g

Antwort: Finn bekommt 260 g Mandeln.

Textaufgaben mit Zeitangaben

Seite 38 Üben

Lukas: 114 kg : 3 = 38 kg
90 kg : 3 = 30 kg
24 kg : 3 = 8 kg
30 kg + 8 kg = 38 kg

Jacob: 38 kg : 2 = 19 kg

Marie: 19 kg · 3 = 57 kg
10 kg · 3 = 30 kg
9 kg · 3 = 27 kg
30 kg + 27 kg = 57 kg

Antwort: Lukas wiegt 38 kg, Jacob 19 kg und Marie 57 kg.

Seite 39 Bist du fit?

1 Wie viel Gewicht kann noch zugeladen werden?

2 9 Pakete Fliesen Jedes Paket wiegt 18 kg.
2 Säcke Fliesenkleber zu je 15 kg
höchstens 440 kg Gewicht laden

3 10 · 18 kg = 180 kg
2 · 15 kg = 30 kg
440 kg – 210 kg = 230 kg

4 200 kg | 240 kg | 700 kg

5 9 · 18 kg = 162 kg
9 · 10 kg = 90 kg
9 · 8 kg = 72 kg
90 kg + 72 kg = 162 kg

2 · 15 kg = 30 kg

162 kg + 30 kg = 192 kg

440 kg
– 192 kg
11
248 kg

6 Antwort: Es können noch 248 kg Gewicht zugeladen werden.

Seite 40 Üben 1

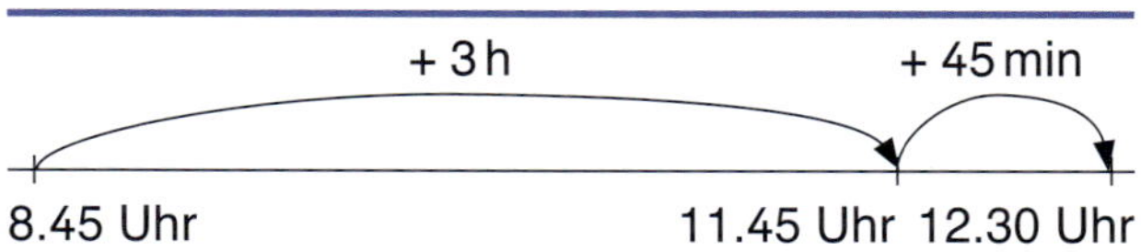

Antwort: Das Turnier dauert 3 h 45 min.

Seite 41 Üben 2

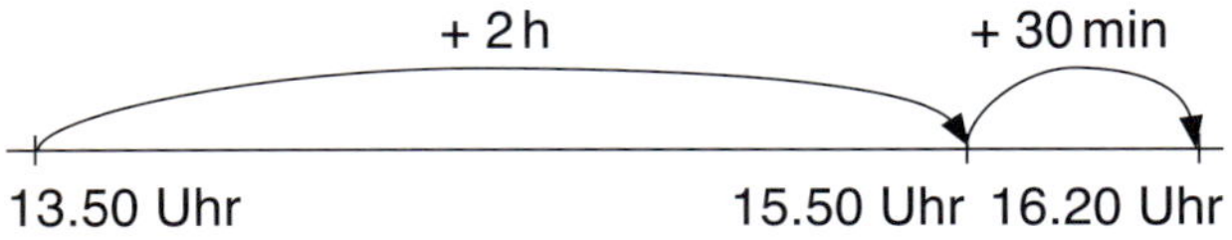

Antwort: Zoe ist 2 h 30 min unterwegs.

Seite 41 Üben 3

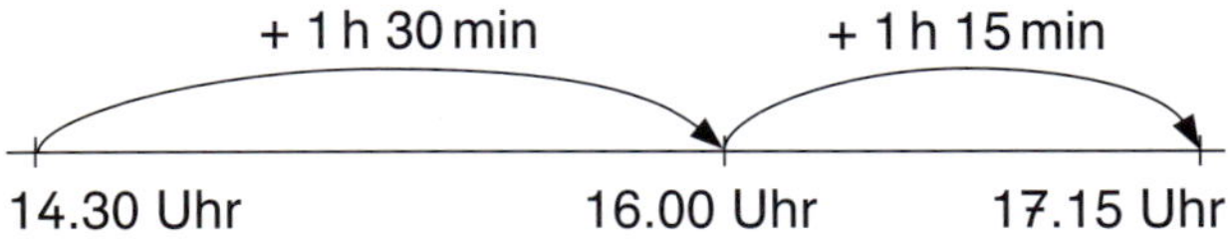

Antwort: Die Kinder waren 2 h 45 min im Center.

Seite 41 Üben 4

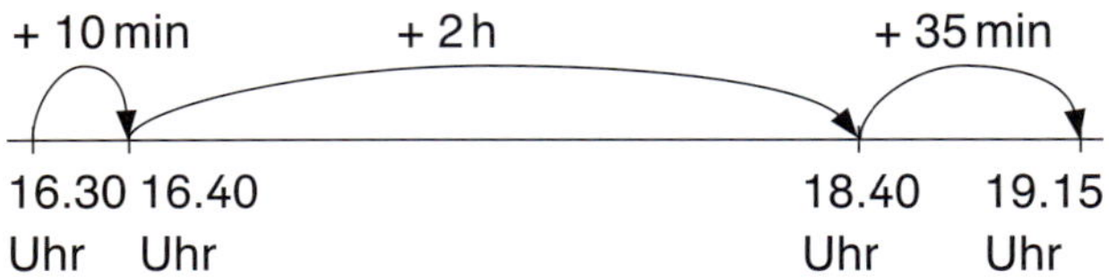

Antwort: Tom ist insgesamt 2 h 45 min unterwegs.

Seite 42 Üben 5

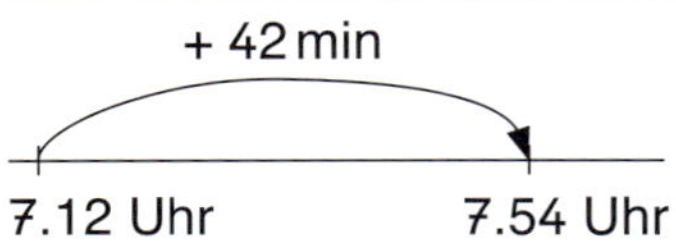

42 min · 5 = 210 min
40 min · 5 = 200 min
2 min · 5 = 10 min
200 min + 10 min = 210 min

210 min : 60 = 3 h 30 min

Antwort: Sie sitzen in einer Woche 3 h und 30 min in der Straßenbahn.

Seite 42 Üben 6

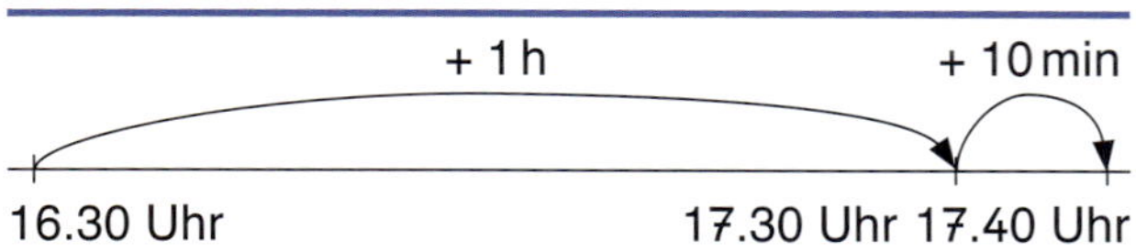

5 · 1 h 10 min = 5 h 50 min

2 · 2 h = 4 h

5 h 50 min
+ 4 h 00 min
9 h 50 min

Antwort: In einer Woche sind das 9 h 50 min.

Seite 43 Üben 1

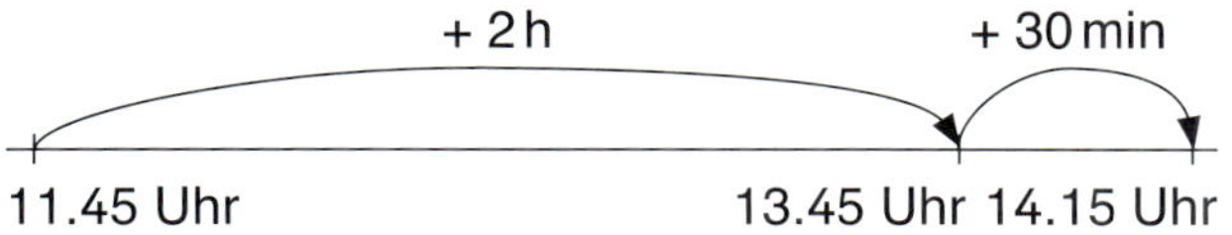

Antwort: Ihre Badezeit ist um 14.15 Uhr beendet.

Seite 44 Üben 2

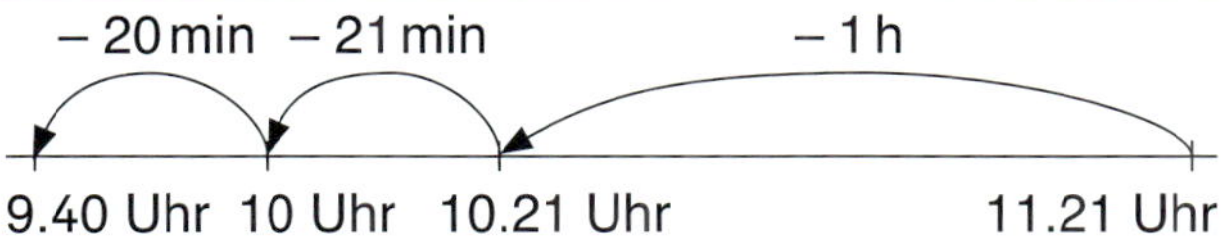

Antwort: Sie ist um 9.40 Uhr losgefahren.

Seite 44 Üben 3

Nicht lösbar. Keine Angabe, wie schnell Ayla fährt und wie weit der Weg ist. (Kapitänsaufgabe)

Seite 44 Üben 4

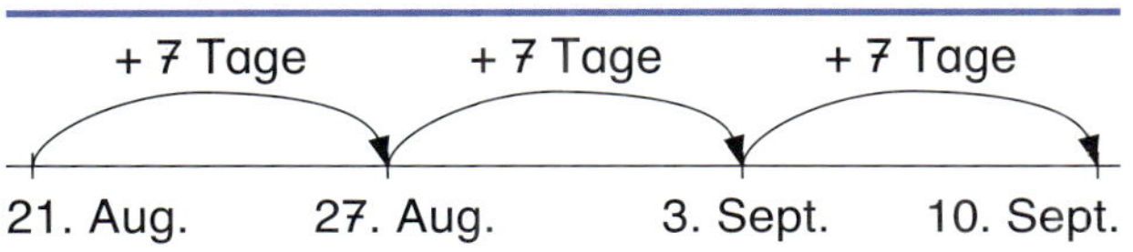

Antwort: Der letzte Urlaubstag ist der 10. Sept.

Seite 45 Bist du fit?

1 Wie lange ist Enrico unterwegs?
Wann ist Enrico losgefahren?

2 18 Minuten 45 Minuten 12 Minuten

17.20 Uhr

3 18 min
45 min
12 min
+ 18 min
2
93 min = 1 h 33 min

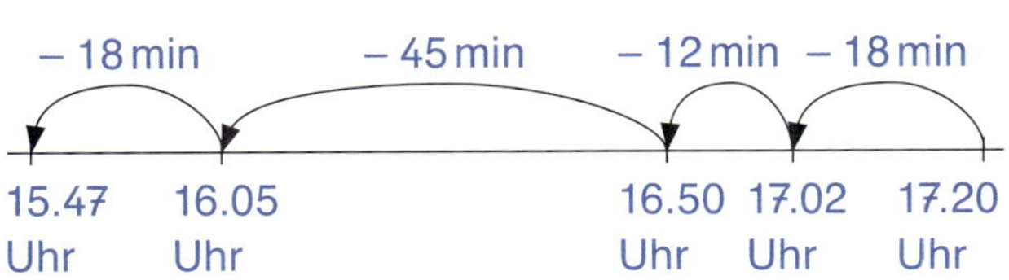

4 Antwort: Enrico ist 1 h 33 min unterwegs.
Antwort: Enrico ist um 15.47 Uhr losgefahren.

Seite 46 Üben 1

2 · 30 € = 60 €

4 · 3,50 € = 14 €
4 · 3 € = 12 €
4 · 50 ct = 200 ct = 2 €
12 € + 2 € = 14 €

3 · 5,75 € = 17,25 €
3 · 5 € = 15 €
3 · 70 ct = 210 ct = 2,10 €
3 · 5 ct = 15 ct = 0,15 €
15 € + 2,10 € + 0,15 € = 17,25 €

60,00 €
14,00 €
+ 17,25 €
1
91,25 €

Antwort: Der Eintritt kostet 91,25 €.

Seite 47 Üben 2

15 · 3,75 € = 56,25 €
10 · 3,75 € = 37,50 €
5 · 3 € = 15 €
5 · 70 ct = 350 ct = 3,50 €
5 · 5 ct = 25 ct
37,50 € + 15 € + 3,50 € + 25 ct = 56,25 €

15 kg = 10 kg + 5 kg → 53,95 €
15 kg = 10 kg + 3 kg + 1 kg + 1 kg → 53,70 €
15 kg = 5 kg + 5 kg + 5 kg → 56,85 €

56,25 €
– 53,70 €
1
2,55 €

Antwort: Sie spart 2,55 €.

Seite 47 Üben 3

612 kg
– 72 kg
1
540 kg

540 kg : 60 = 9 kg

Antwort: Ein Bildschirm ist 9 kg schwer.

Abschlusstest

Seite 47 Üben 4

Minute	1	10	30
Länge	20 cm	200 cm	600 cm

(· 10, · 3)

Antwort: Nach einer halben Stunde ist sein Gang 6 m lang.

Seite 48 Üben 5

Angebot A:

Grundgebühr	19,99 €
SMS (5 · 20 ct)	1,00 €
Anrufe (30 · 15 ct)	+ 4,50 €
	11
	25,49 €

Angebot B:

Grundgebühr	9,99 €
SMS (25 · 10 ct)	2,50 €
Anrufe (30 · 25 ct)	+ 7,50 €
	1 1
	19,99 €

Antwort: Angebot B ist für ihn am günstigsten.

Seite 48 Üben 6

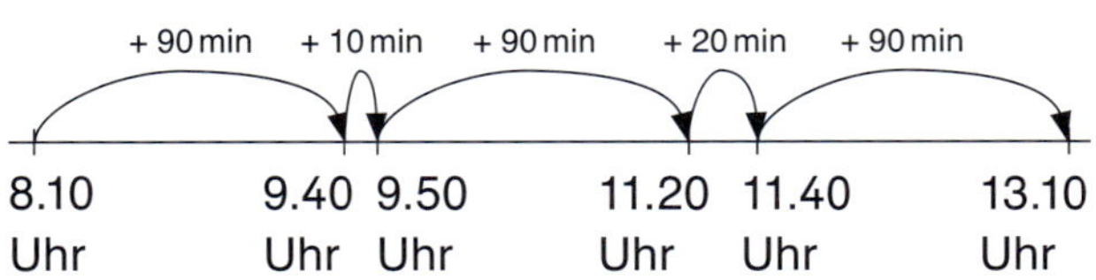

Antwort: Der Unterricht endet um 13.10 Uhr.

Seite 49 Bist du fit?

1 ☒ Wie viele Minuten läuft Emma insgesamt von zu Hause bis zum Supermarkt und wieder zurück?
☒ Wie schwer ist der Einkauf?
☒ Um wie viel Uhr kommt Emma wieder nach Hause?

2 14.35 Uhr einfachen Weg 8 Minuten 15 Minuten

3 ~~Emma kommt um 13.00 Uhr vom Einkauf zurück.~~
Emma kommt um 15.00 Uhr vom Einkauf zurück.
~~Emma kommt um 18.30 Uhr vom Einkauf zurück.~~
~~Emma kommt um 3.00 Uhr vom Einkauf zurück.~~

4 1 kg 500 g 250 g 250 g

Seite 50 Aufgabe 1

Benjamin hat 67 Bilder weniger.

147	364
+ 217	− 67
1	11
364	297

Antwort: Benjamin hat 297 Bilder.

Seite 50 Aufgabe 2

Es fehlt: wie viele Jahre Sophies Schwester jünger ist als sie.

Seite 51 Aufgabe 3

18,75 €	248,50 €
23,45 €	− 80,84 €
15,65 €	1 1 1
+ 22,99 €	167,66 €
22 2	
80,84 €	

Antwort: In der Spardose sind noch 167,66 €.

Seite 51 Aufgabe 4

8 · 24,95 € = 199,60 €

8 · 25 € = 200 €
8 · 20 € = 160 €
8 · 5 € = 40 €
160 € + 40 € = 200 €

8 · 5 ct = 40 ct

200 € − 40 ct = 199,60 €

8 · 29,95 € = 239,60 €

8 · 30 € = 240 €

8 · 5 ct = 40 ct

240 € − 40 ct = 239,60 €

239,60 €
+ 199,60 €
111
439,20 €

Antwort: Die Bälle kosten 439,20 €.